Python 資料可視化攻略

小久保奈都彌 著・許郁文 譯

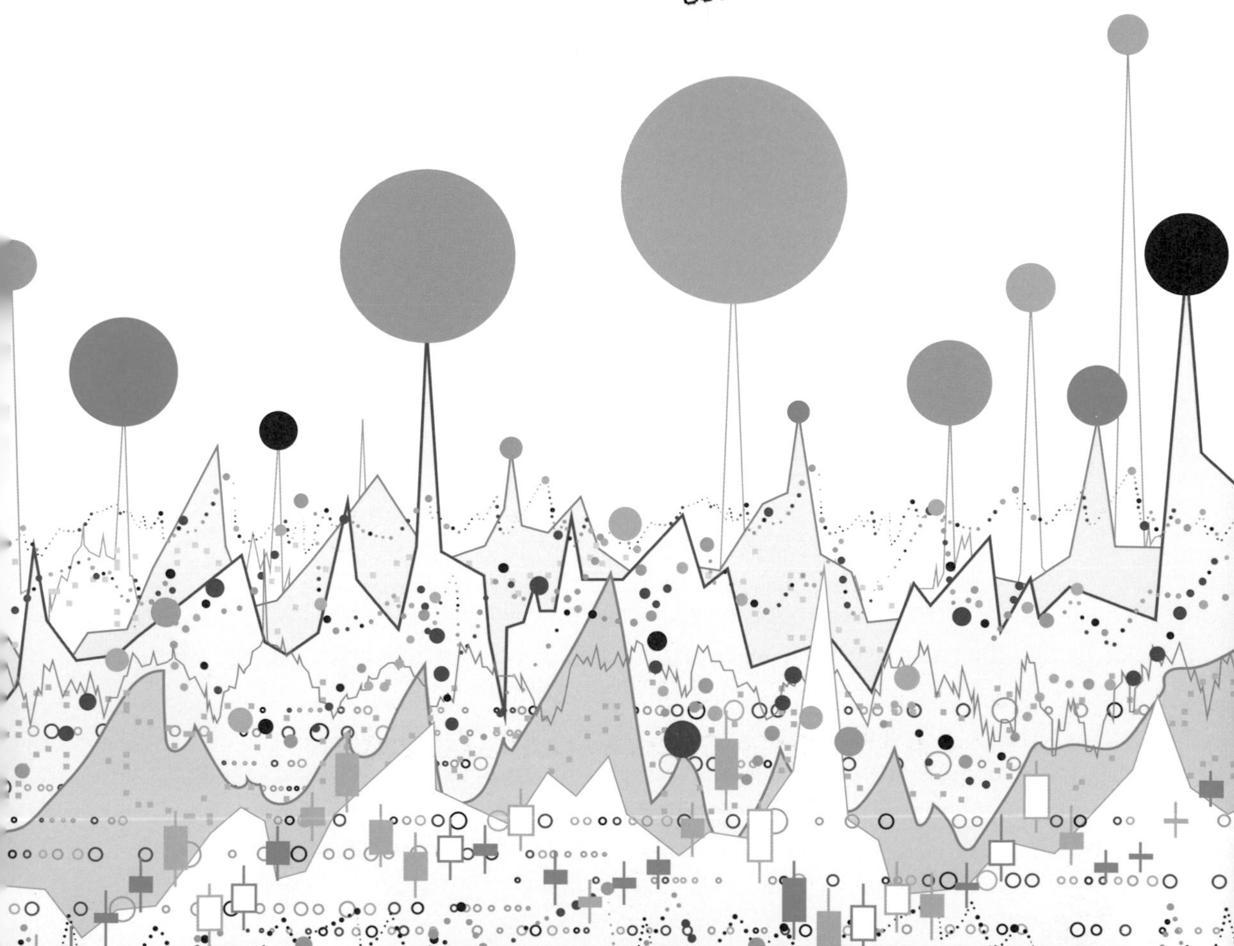

前言

自大數據、AI 這類詞彙廣為流行之後，許多公司或組織都希望進一步活用已取得的資料。為了活用資料，我們必須徹底了解資料的內容，而視覺化則是非常有用的手段。近年來，資料分析已成為顯學，因此有更多人開始使用 Python。

本書的目標讀者為具備 Python 的基礎，對如何透過 Python 活用資料有興趣的人，或是在公司負責資料分析業務的資料科學家、需要利用 Python 分析資料，再將結果整理成報表的大學生或研究生，或是其他從事資料相關事務的人。此外，如果您打算透過 Python 進行資料視覺化，也務必參考本書內容。

平常就接觸大量資料的人，應該常在分析資料或將分析結果整理成報表時，遇到必須讓資料視覺化的問題。本書透過資料視覺化處理的資料包含數值，還包含定位資訊或中英文的文字，筆者將會帶著大家一步步實際體驗，從中學會執行資料視覺化的方法。

雖然這是一本技術類型的書，但也希望大家能覺得有趣，書中也介紹了透過函式庫快速執行各種資料視覺化的方法。除了會在各章介紹各種執行資料視覺化的函式庫與工具，也說明了執行資料視覺化程式的方法。衷心期盼本書能為從事資料分析的各位，帶來一些資料視覺化的知識。

2020 年 6 月吉日

小久保 奈都彌

本書的目標讀者與必備的背景知識

本書會利用 Python 的函式庫執行資料視覺化，所以閱讀本書前必須具備下列知識。

- Python 的基礎知識
- 資料科學的基礎知識

本書架構

本書共分 8 章與附錄。

第 1 章介紹資料視覺化的概要。

第 2 章介紹執行資料視覺化必備的思維。

第 3 章介紹本書使用的環境。

第 4 章介紹利用 Python 操作資料的基本知識。

第 5 章介紹製作各種圖表的方法。

第 6 章介紹定位資訊視覺化的方法。

第 7 章介紹文字資訊視覺化的方法。

第 8 章介紹加入資訊圖表思維的視覺化。

附錄則簡單介紹如何挑選配色與調色盤。

本書的範例檔執行環境與範例檔

本書的範例檔執行環境與各類範例檔

本書各章範例可於**表 1** 的環境正常執行。

表 1　範例檔執行環境

環境、語言	版本
OS	Windows 10（64 位元版本）
瀏覽器	Google Chrome（只有第 6 章是使用 FireFox）
Anaconda	Anaconda 3.2019.10（Anaconda3-2019.10-Windows-x86_64.exe）
Python	3.7.3

函式庫	版本
branca	0.31
folium	0.10.0
geoplotlib	0.3.2
ipython	7.5.0
janome	0.3.9
matplotlib	3.1.1
numpy	1.16.5
pandas	0.25.1
pillow	6.1.0
plotly	4.1.1
scipy	1.3.1
seaborn	0.9.0
squarify	0.4.3
statsmodels	0.10.1
文字雲	1.5.0

範例檔下載

本書範例所需使用的檔案可於下列的網址下載。

- **範例檔下載網址**

  URL http://books.gotop.com.tw/download/ACD021300

建議大家一邊利用本書的範例檔與圖檔，一邊閱讀本書內容，也請從上述的下載網站下載檔案。

注意

本書範例檔有可能未經公告便停止提供，還請大家見諒。

目錄

Chapter 4 利用 Python 操作資料的基本知識 049

Chapter 5 利用各種圖表視覺化資料 069

Chapter 1

何謂資料視覺化

解說視覺化的歷史與意義。

01 視覺化的定義

思考資料視覺化的定義。

visualization 的中文為「**視覺化**」，意思是「讓人眼不可見的東西轉換成具體的形狀」，而讓數值這類資訊變得可見的方法就稱為視覺化，讓心中、腦中的想法、知識化為文章的過程也稱為視覺化。

而讓數值、文章或定位資訊這類資料視覺化就稱為資料的視覺化（以下簡稱〈資料視覺化〉）（**圖 1.1**）。

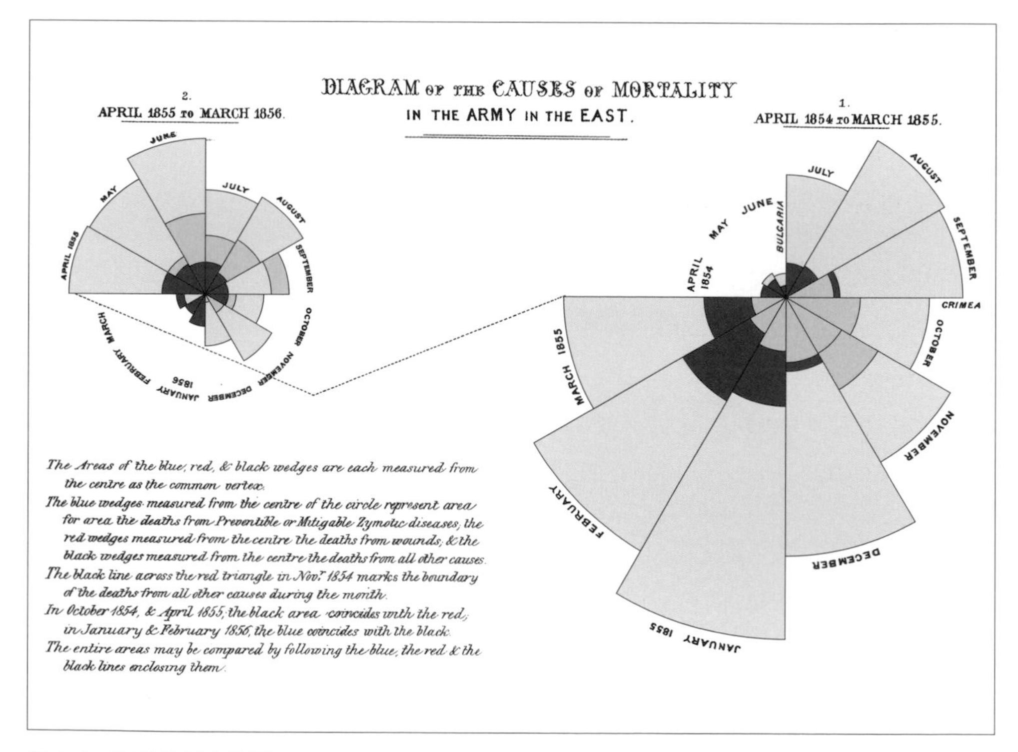

圖 1.1　南丁格爾玫瑰圖

出處：根據：『Diagram of the causes of mortality in the army in the East" by Florence Nightingale』製作

URL　https://en.wikipedia.org/wiki/Florence_Nightingale#/media/File:Nightingale-mortality.jpg

02 視覺化的歷史

視覺化時至今日仍繼續發展。

接著為大家簡單地介紹視覺化的歷史（圖 1.2）。

一般認為，人類視覺化的歷史是從在洞窟的牆壁畫下用棍子狩獵的情況（洞窟壁畫）開始，之後，資訊的視覺化就在各種場景出現，而我們現在使用的各種圖表則是從產業革命爆發的 1700 年代開始。

從那時到現在，人們開始重視以視覺效果呈現數值的技術，這項技術也在這兩百年間急速進化。

- 1700 年代後期

這個時期出現了折線圖、長條圖（圖 1.3）這類我們耳熟能詳的基本圖表。雖然這也是目前常見的視覺化手法，但在當時只畫在紙上。

- 1800 年代

一如著名的南丁格爾玫瑰圖（圖 1.1），這個時代出現了能一口氣清楚呈現多種資訊的視覺化手法。

在 1800 年代，這種視覺化手法成為傳遞社會事件的主流，使用頻率甚至高過在商場使用。

- 1900 年代

自 1900 年代電腦問世後，視覺化就跟著急速發展。

1900 年代前期，首本於商業應用的視覺化專書問世，1970 年代也能看到利用電腦製作的視覺化作品。

- 2000 年代～

到了現代，在商場使用試算表製作圖表的視覺化手法已相當普及。近年來，BI 工具（商業智慧工具）的資料視覺化已慢慢地於企業之間普及，也有越來越多的情況是利用視覺化手段做出決策。除了商場之外，在個人的智慧型手機也能看到許多視覺化之後的數據。

1700 年代　後半
現在常見的基本圖表問世

1800 年代
用於傳遞社會事件的視覺化手法急速發展

1900 ～ 2000 年代
電腦問世後，視覺化更蓬勃發展

2000 年代～
利用試算表軟體製作的視覺化圖表已於商場普及展

圖 1.2　視覺化的歷史

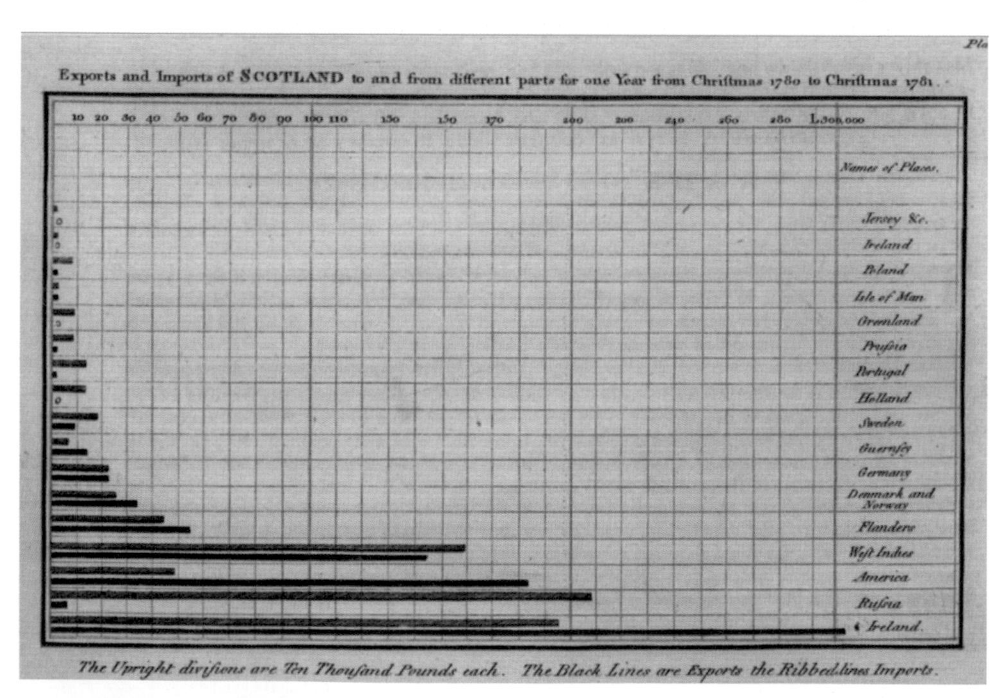

圖 1.3　1700 年代後期的長條圖

出處：取自 Exports and Imports of Scotland to and from different parts for one Year from Christmas 1780 to Christmas 1781」、『The Commercial and Political Atlas』（William Playfair 著、1786 年）

03 身邊常見的視覺化

我們的日常生活有很多視覺化的資訊。

觸手可及的視覺化資訊

讓我們先來看看日常生活裡的視覺化吧！比方說，我們很常利用智慧型手機瀏覽氣溫的折線圖，確認當天的氣溫，我們也會在電視或新聞報導確認股價的波動，有些電視節目也會利用圓餅圖說明問卷調查的結果。

可見在我們身邊有許多資訊都被**視覺化**為簡單易懂的內容。

大家常收看的天氣預報也常以太陽、雲朵、雨傘這類圖示說明降雨機率，而這些都是視覺化手法的一種（圖 1.4）。

點開智慧型手機的軟體，也能看到許多被視覺化之後的資訊（圖 1.5）。

可見我們的生活裡，真的充斥著許多被視覺化的資訊。

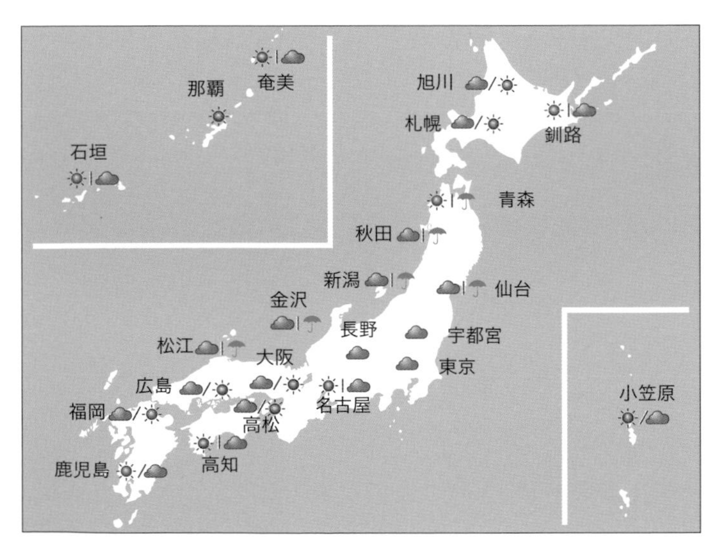

圖 1.4 天氣預報的範例

出處：根據氣象廳「天氣預報」製作

URL https://www.jma.go.jp/jp/yoho/

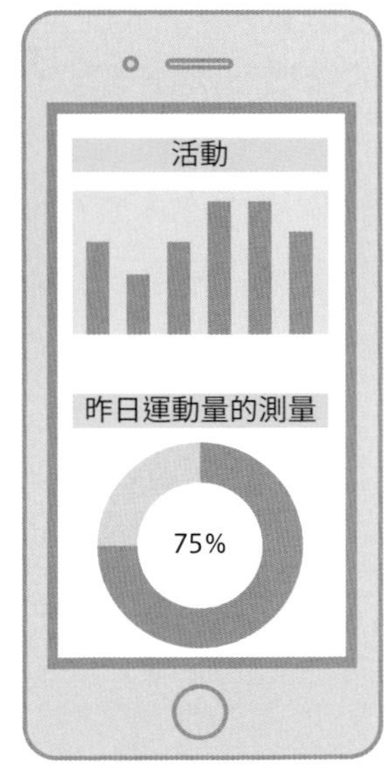

圖 1.5 智慧型手機 App 的範例

04 資料視覺化的功能與目的

一起思考資料視覺化的功能吧！

資料視覺化的功能

根據資料分析師的說法，資料視覺化的功能主要有下列三種（圖 1.6）。

- 1. 了解概要：概觀（掌握資料的全貌）
- 2. 幫助發現：發現（找出資料的特徵或新事象）
- 3. 傳達（促進溝通）：傳達（將 1. 與 2. 的內容提供給閱讀資料的人）

1. 了解概要：概觀

確認資料的分佈情況與進行簡單的摘要，掌握資料的輪廓。

2. 幫助發現：發現

整理資料可發現之前沒注意到的部分。資料視覺化可讓我們更容易察覺資料的特徵與找出重點。

3. 傳達（促進溝通）：傳達

以適當的手法呈現資料分析結果與資料特徵，可讓沒有相關背景的人更了解資料。

視覺化的這些功能可同時使用，也能在資料分析的每個步驟使用。

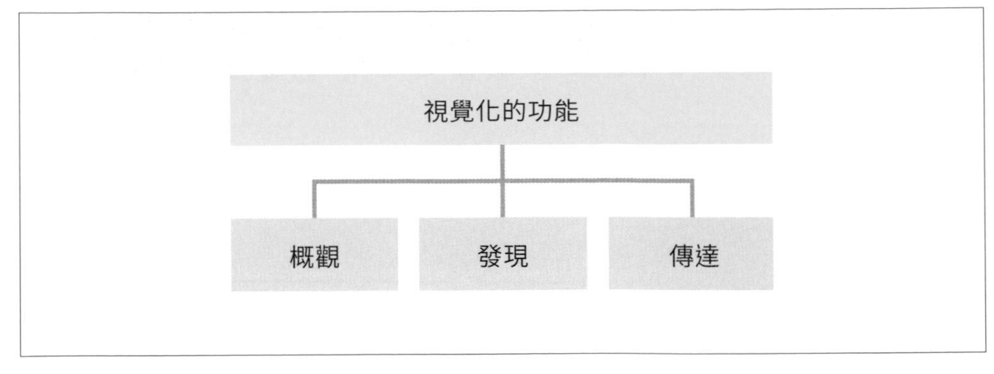

圖 1.6 視覺化的功能

資料視覺化的目的

自**大數據**一詞於 2000 年代流行之後，越來越多企業想自行應用資料，也累積了大量且龐雜的資料，但是若只看這些**原始資料**，通常無法掌握資料的概要。

資料分析師眼中的視覺化

資料分析師認為在操作資料時，**資料視覺化**是非常實用的手法。

此外，資料視覺化的一大意義就是沒有統計知識的人，也能了解隱含在資料之中的資訊，所以資料分析也常透過視覺化手法說明摘要或分析結果。

對閱聽大眾而言的視覺化

另一方面，閱聽大眾可透過視覺化得到多於數字本身的資訊。

資料分析師說明的分析結果也能當成接下來該採取何種行動的判斷因子。

05 協助決策的資料視覺化

進一步了解資料視覺化如何幫助我們做出決策。

協助決策的工具

日常業務執行常需要做出不同的**決策**，雖然影響程度有高有低，但其實我們每天都得做出不同的決定。

做出決策的主體：機械

在做出商業決策時，會將注意力放在**資料的應用層面**。這類決策通常是由人進行，但通常會分成「需要人類判斷的部分」與「早已形成某種模式的部分」。所謂「形成某種模式」，指的是**依照固定規則做出相同判斷**的部分，**這部分交給 AI 處理或預測，或是透過業務自動化的方式應用資料的情況**也越來越常見。這種根據自動化流程產生的結果做出決策的方式很常於例行公事應用。

做出決策的主體：人類

另一方面，需要戰略性思考或是需要採取有別以往的行動時，就不太適合交給 AI 處理，而此時的資料視覺化非常適合作為應用資料的手段。在日新月異的現代，往往需要在短時間內做出決策，此時能幫助我們一眼了解量化資訊的資料視覺化就能大幅縮短做出決策的時間。

在過去，大部分的企業都會利用 Excel 的圖表功能將資料繪製成視覺化的圖表，近年來，也有不少企業使用 BI 工具進行對話式資料整合與視覺化，企圖藉此加速做出決策的速度。

此外，就算是交由 AI 作出決策，詮釋結果的還是人類。

因此，人類必須判斷 AI 做出的決策有沒有問題，此時資料視覺化也是非常適合用來詮釋結果的手法（**圖 1.7**）。

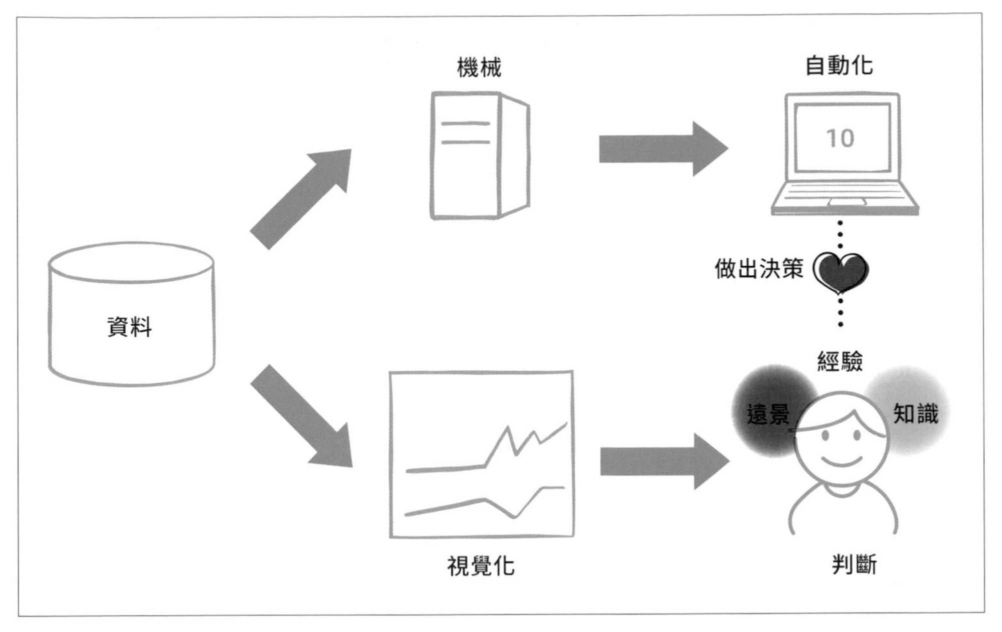

圖 1.7　決策主體與活用資料的方法

06 資料視覺化的意義

讓我們一起看看資料視覺化對資料分析師的意義。

資料處理的流程

近年來，DIKW 金字塔在大數據資料分析師之間成為流行（圖 1.8）。

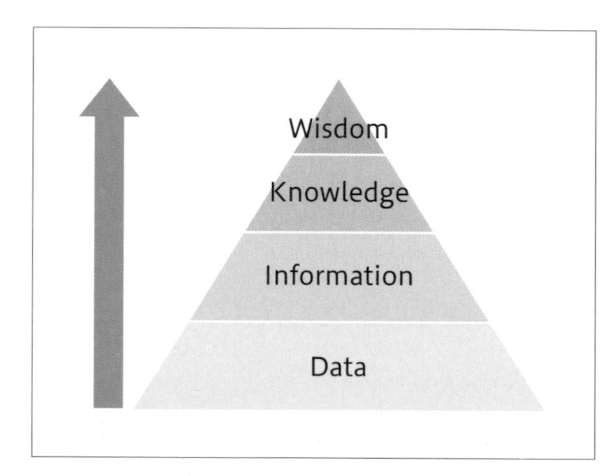

圖 1.8　DIKW 金字塔

從金字塔底部往上，依序是下列的資料處理流程，越高層的資訊價值越高。

- Data
- Information
- Knowledge
- Wisdom

MEMO　**DIKW 金字塔**

DIKW 金字塔是將資訊價值分層標註的經典模型，隨著資料分析師負責的業務越來越廣泛，企業也越來越需要注意上層資料的價值。

Data 指的是觀測所得的事實集合體，指的是未經處理的資料。將 Data 轉換成 **Information** 的作業稱為資料結構化作業，也屬於基本的資料分析作業。

要將具有一定結構的 Information 轉換成 **Knowledge**，必須了解資料的背景，並且依照資料的脈絡傳遞資料之中的事實。要將 Information 轉換成 Knowledge 需要結合資料的背景知識與經驗，若以視覺化的方式處理這些背景知識與經驗，就能憑直覺對照資訊與背景知識，進而讓 Information 轉換成 Knowledge。

若進一步解釋或判斷 Knowledge，就能從資料找出**新價值**，讓 Knowledge 轉換成 **Wisdom**，我們也能知道下一步「該做什麼才對」。

換句話說，利用視覺化手法分析資料的意義在於讓原始資料轉換成更有價值的資訊。

探索式資料分析的視覺化

資料分析師在收到分析專用資料時，會先利用**視覺化手法**確認資料的**分佈狀況**與**基本統計量**（此時就是所謂的**探索式資料分析**，也是負責分析資料的人為了釐清對資料的疑問所進行的步驟）。

因為要在進行前置處理的階段了解資料的概要，視覺化可說是非常有效的手法。製作簡單的圖表，掌握資料的概況，會比直接瀏覽數值更容易了解資料。具體來說，可一邊收集、整理資料，一邊利用**散佈圖**、**直方圖**、**盒鬚圖**了解資料的概況，加深對資料的理解，找出需要進一步探討的重點（**圖 1.9**）。

這些作業常在將 Data 轉換成 Information 的過程執行。

用於說明資料分析結果的視覺化

最常用於說明分析結果的視覺化手法包含**長條圖**、**折線圖**、**圓形圖**或**資訊圖表**，如此一來，資訊的接收端便不需要具備背景知識，也能了解資料分析結果，還能說明埋藏在資料之中的故事或脈絡。

資料分析師除了要扮演處理資料的工程師，還得**利用資料進行溝通**。

此時的溝通手法之一為**視覺化**，這種手法在將 Information 轉換成 Knowledge 的階段也扮演吃重的角色。此外，重視設計也是視覺化的特徵之一（圖 1.9）。

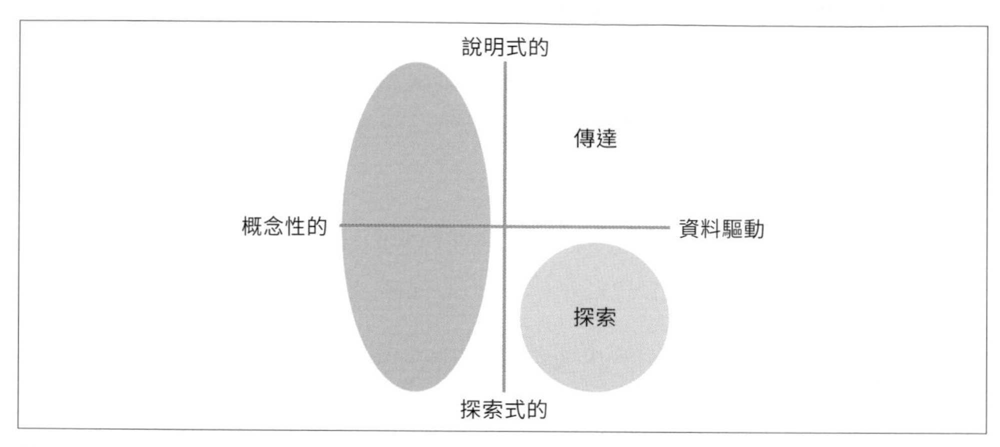

圖 1.9 本書的內容範圍

概念性的視覺化與資料驅動的視覺化

質化資訊（以文字為主而非數字的資料）通常會以**概念性的視覺化手法**處理，而用於思考或結構化的框架就是概念性的視覺化手法之一。

質化資訊在經過視覺化手法處理後，會變得更有條理，而需要使用這些資訊進行量化分析時，通常會需要使用資料驅動這種資料視覺化手法。一般來說，要做出結論時，會先使用概念性的視覺化手法與資料視覺化手法整理資訊（圖 1.10）。

本書的主要內容則是**處理量化資訊的視覺化手法**。

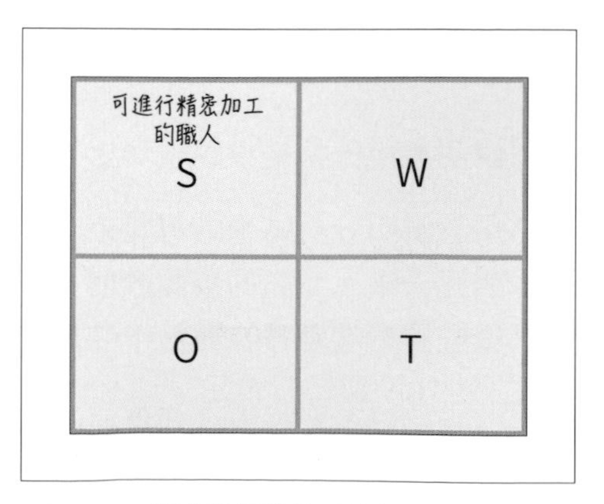

圖 1.10 概念性視覺化手法的例子（框架）

07 資料視覺化的步驟

一起來看看資料視覺化的具體步驟吧！

要讓視覺化手法產生效果，就必須先釐清要從資料挖出什麼，設計要傳遞的故事。

① 思考資料的著眼點

第一步要先釐清想透過資料了解什麼、傳遞什麼，決定大方向之後，自然會知道下個步驟，有時在進行資料視覺化的時候，也會順便找出下個著眼點。

找到要透過資料了解的事情與要傳遞的訊息之後，通常會以**表 1.1** 的內容呈現。

表 1.1　概要、變化、比較、架構、關係

概要	掌握資料的基本樣貌
變化	將焦點放在時間造成的變化與條件改變造成的差異
比較	重視資料的各種屬性
架構	重視全體與特定區塊的比例
關係	重視變數之間有無關聯性或顯著傾向

② 收集與處理資料

收到與著眼點相符的資料之後，接著要進行資料的事前處理與分析。

假設想知道的是資料的變化，可收集具有時序的資訊或是條件變更前後的資訊，若想比較變化，就必須收集比較對象的資料。資料收集完成後，要確認這些資料是否適用，也必須將資料整理成適當的格式。

也要驗證這些資料是否可在這個階段使用，或是這些資料是否比原本預估的更適用。

③ 依照著眼點執行適當的視覺化

接著是依照著眼點執行資料視覺化，藉此傳遞訊息，至於何種視覺效果才適當？資料分析師可根據閱聽大眾的特性決定。舉例來說，重點若是變化，則通常會以折線圖呈現資料，重點若是架構，則會以堆疊長條圖呈現資料。

在視覺化的世界很常聽到「Story telling」這個說法，不過用於說明的視覺化必須根據著眼點打造資料的脈絡。

MEMO Story telling

Story telling 的中譯為「說故事」，在資料視覺化的世界裡，說故事也是非常重要的一環。

這意味著，資料視覺化除了要傳遞事實，更需要引起閱聽大眾的共鳴，或是透過一些驚喜吸引讀者。

在資料的世界裡，傳遞耐人尋味的事實，就像說故事一樣，能引人入勝。

讓資料視覺化之後，可繼續深入探討或是調整呈現的方式，讓資料變得更容易閱讀（**圖 1.11**）。

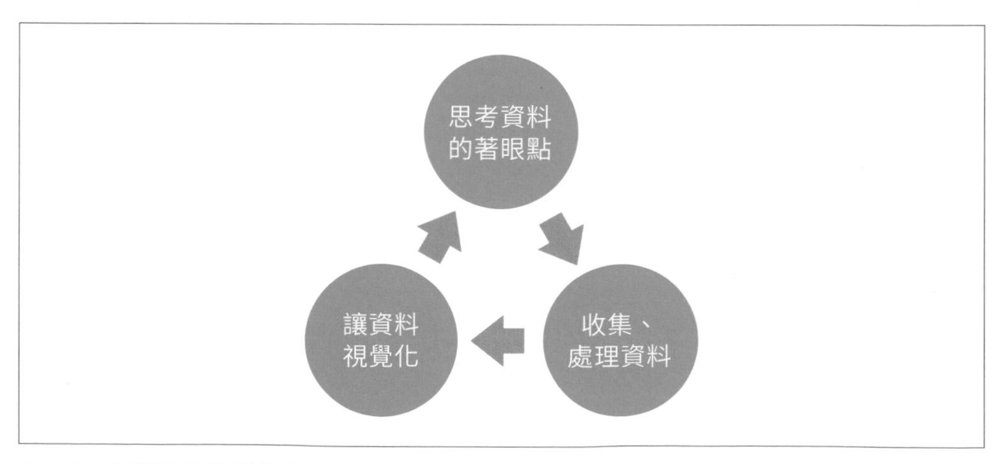

圖 1.11 不斷進行視覺化處理

08 靜態視覺化與動態視覺化

利用電腦進行視覺化分成靜態與動態兩種。

視覺化分成**靜態視覺化**與**動態視覺化**兩種（圖 1.12）。

靜態視覺化

所謂「**靜態視覺化**」主要是透過紙這種媒介呈現的視覺化，將資料分析結果製作成紙本時，很常使用這種視覺化，不過無法在電腦螢幕上改變與操作視覺化的內容。

舉例來說，要利用 Python 製作基本的圖示可使用 pandas、matplotlib、seaborn 這類函式庫製作靜態視覺化的資料。

動態視覺化

動態視覺化則是依照事前設定的條件製作可變化的圖表，或是在現有的視覺化資料加入篩選功能或滑桿，讓讀者可自行操作這些資料。

Python 內建了許多適合製作動態視覺化資料的函式庫，本書介紹的 **plotly** 也是非常適合製作視覺化資料的函式庫。

今後很可能為了讓讀者能更快做出決策，而有更多讓讀者能自行操作資料的視覺化手法。

本書則將重點放在執筆撰寫本書之際，使用頻率較高的「靜態視覺化手法」，換言之，就是寫在紙上也能傳遞訊息的靜態呈現手法。

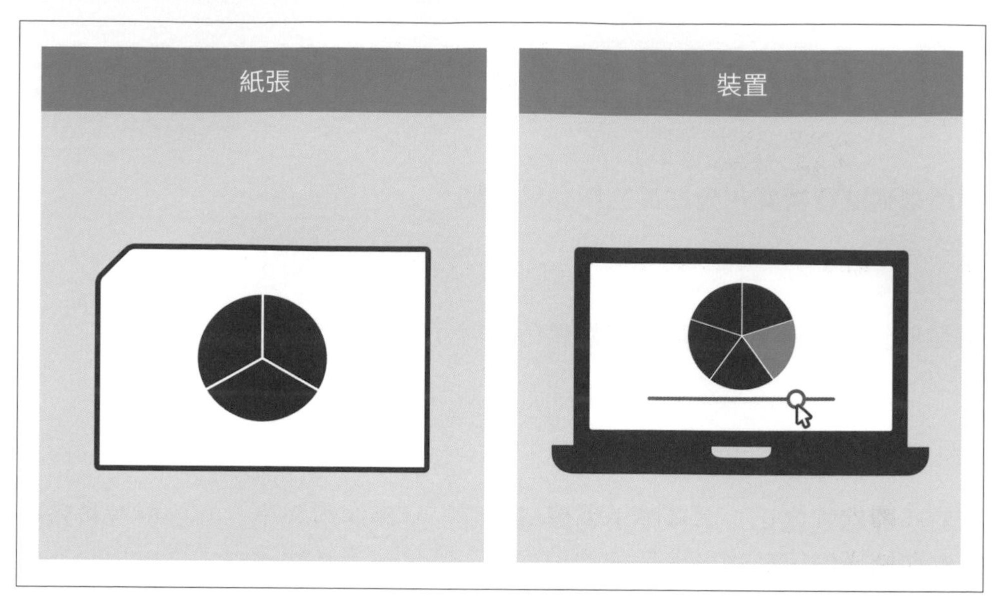

圖 1.12 靜態與動態的視覺化手法

09 Python 的資料分析與視覺化

讓我們一起了解，為什麼資料分析師會使用 Python 視覺化資料。

透過 Python 分析資料的業務增加

近年來，企業操作的資料量不斷增加，因此越來越無法只透過試算表軟體分析如此龐大的資料，而且除了數據之外，需要操作的文字資料、影像資料或其他非結構性的資料越來越多。

越來越多企業透過 **Python** 這種可處理各種資料的語言處理資料，利用 Python 開發的機器學習自動化處理也越來越常見，慢慢地 Python 便成為應用資料的主流語言。

視覺化分析結果的必要性

由於 Python 很常用於資料分析或機器學習的資料處理，所以與資料分析相關的各種函式庫也越來越發達，也因為是以 Python 分析資料，所以越來越多人希望利用 Python 視覺化這些資料，因此，資料視覺化的函式庫也越來越豐富。

除了處理數據的函式庫，Python 還有許多能視覺化文章、定位資訊或其他資訊的函式庫。

Jupyter Notebook 的執行環境

Jupyter Notebook 是常見的 Python 資料分析環境。在這個環境下可撰寫與執行程式，也能在得到結果之後進行分析。由於 Jupyter Notebook 可視覺化分析過程，所以被認為是「同時分析資料與視覺化資料」的工具，同時也是介面非常簡單易懂的工具。

基於上述背景，資料分析師使用 Python 視覺化資料已成為常態。

Chapter 2

資料視覺化所需的思維

解說製作美觀的視覺化所需的基本知識。

01 什麼是美麗的視覺化

讓我們思考一下視覺化的「美麗」到底是何物。

美麗的視覺化到底是什麼？

美麗的視覺化手法應該兼具美觀、明確、簡潔這三個元素，而且還有文本（圖 2.1）。

「簡潔」的意思是讀者能輕鬆了解內容的呈現手法。

「有文本」則代表能讓讀者一口氣了解重要的資訊。

不管呈現手法有多麼洗練或簡潔，無法傳遞訊息就毫無意義可言，反之，就算內容非常明確，無法正確地呈現，也無法吸引讀者。

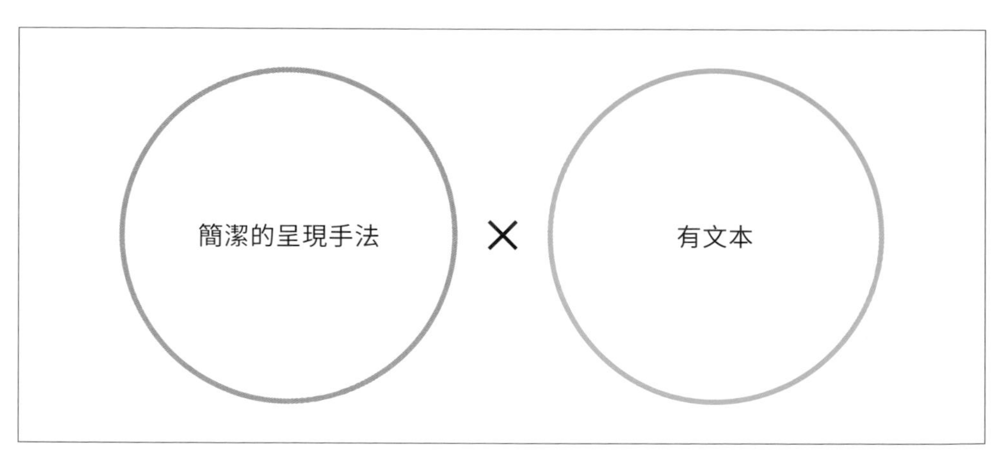

圖 2.1　視覺化的美麗定義

簡潔地呈現手法

資料視覺化的權威愛德華塔夫特提倡的「**資料墨水比**」是用來評估內容是否簡潔的標準之一（圖 2.2）。

MEMO 資料墨水比

用於視覺化的墨水（= 電腦世界的像素）用於繪製必要資訊的比例。

資料墨水比的基本概念是「沒有本質以外的多餘部分，才能美麗地呈現資料」。

資料墨水比較小的資料通常包含許多讓圖表變得更漂亮的裝飾，或是其他與呈現資料無關的資訊，反之，資料墨水比越高，就越只有必要的資訊，沒有多餘的裝飾，換言之「追求最高資料墨水比的視覺化手法才是好的手法」（**圖 2.3 左側**）。

$$資料墨水比 = \frac{資料墨水（= 用於呈現資料的墨水）}{用於平面設計的墨水總量}$$

$$= 1.0 - 可刪除的平面設計的比例$$

圖 2.2 資料墨水比

整個背景塗滿顏色、刻度的密度大於需要的密度、立體的裝飾以及其他多餘的裝飾，都是資料墨水比較低的例子（**圖 2.3 右**）。不過有些人認為刻度較密（= 資料墨水比較低）的圖表比較容易閱讀。

從上述的內容來看，製作者除了要注意簡潔這個元素，還必須考慮讀者的背景知識與成熟度。

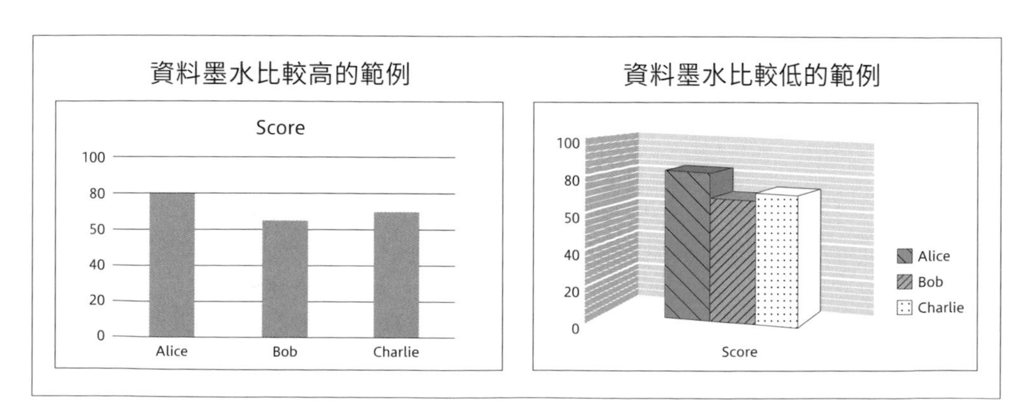

圖 2.3 資料墨水比較高與較低的例子

文本

包含文本的視覺化手法能明確地傳遞資訊，所以就算不具備背景知識的讀者也能了解內容。

當視覺化手法包含文本，讀者可透過本身既有的知識進一步了解內容。
包含文本的視覺化手法「具備機能美」（外觀的設計也必須美麗就是了）。
包含文本不代表可隨意操弄印象。

MEMO 負面示例：雜亂無章的資料設計

有些人會在資料差距不大的情況下，故意透過長條圖的下限值拉開長條之間的差距（圖 2.4）。有些人則會故意將圓形圖轉換成立體圖表，透過不同的角度偽裝比實際情況更高的比例。

正確地呈現與評估正確的資料是資料視覺化手法非常重要的一個部分，上述這種矯情、刻意的操弄，不僅無法讓讀者正確了解內容，反而會給讀者一種不老實的印象，所以讓資料具有脈絡或文本固然重要，卻也不能因此扭曲資料原本的意義。

想要強調某部分的資料，卻又不想太誇張時，可試著在該資料的長條套用比其他資料的長條更深的顏色，或是將其他資料的長條設定為灰色。

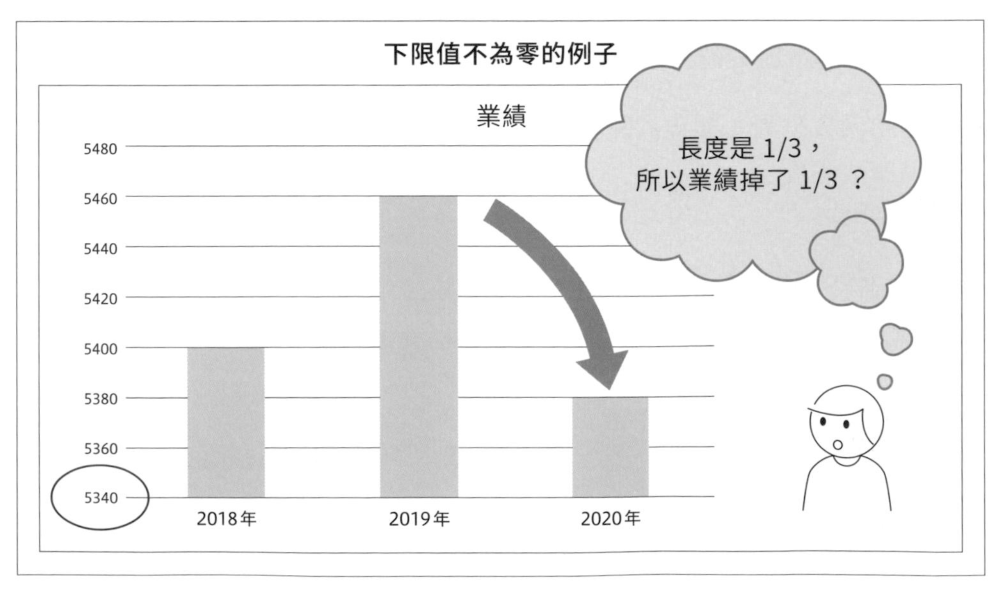

圖 2.4 刻意營造某種印象的呈現方式

02 資料的種類與視覺化手法

資料視覺化手法會隨著資料的種類改變。

特性不同的資料適合以不同的視覺化手法呈現，接下來就讓我們看看有哪些視覺化手法。

質化資料與量化資料

資料大致可分成資化與量化兩種，若以尺度區分，還可以分成四種尺度（表2.1）。

質化資料被分類為「名目尺度」與「次序尺度」的資料，量化資料則被分類為「等距尺度」與「等比尺度」的資料。越接近表格下方的尺度越是經過嚴格測量的資料，也通常包含能以上方尺度呈現的資料。

適用的資料視覺化手法會隨著資料的種類與尺度不同。由於呈現的方式不同，所以有時會以顏色呈現該資料，有時則會改以形狀呈現，換言之在「顏色」與「形狀」這類組成元素的部分會不同。

如果使用了不適當的呈現手法很容易造成誤解，所以必須先了解資料的種類，才能著手視覺化。

資料視覺化的組成元素將於下一節解說。

表 2.1　資料種類與視覺化手法

資料種類	尺度	範例	呈現手法
質化資料（質化變數）	名目尺度	性別、部門	突顯與其他資料的不同
	次序尺度	排名	突顯與其他資料之間的大小關係
量化資料（量化變數）	等距尺度	溫度、時間	呈現與其他資料之間的落差
	等比尺度	業績、體重	呈現大小、比例

03 視覺化的組成元素

介紹組成資料視覺化的各種視覺元素。

由於視覺化手法是透過顏色、大小、位置這類組成元素呈現資料，所以讓我們看看有哪些組成元素。

顏色

顏色是資料視覺化最常使用的元素。

顏色有三種組成元素，分別稱為色相、亮度與飽和度，資料視覺化手法可透過色彩、亮度、飽和度的差異突顯資料與其他資料的差異與大小，而且可用來呈現質化與量化的資料（**圖 2.5**）。

色相

色彩指的是「紅」、「藍色」這些**色調**，可利用**色相環**說明。

亮度

顧名思義，亮度就是顏色的**明亮度**，可將顏色調暗或調亮。

飽和度

飽和度就是**鮮豔度**，飽和度為 0（零）的顏色稱為**無彩色**，例如白、黑、灰就是其中一種。若要將簡報資料印成黑白模式的顏色，必須事先將圖表設定為無彩色的顏色。

此外，資料視覺化手法通常會將不重要的內容設定為無彩色，藉此突顯重要的內容。

MEMO 色相環

方便觀察色相的環狀系統。
本書的附錄也會進一步介紹顏色。

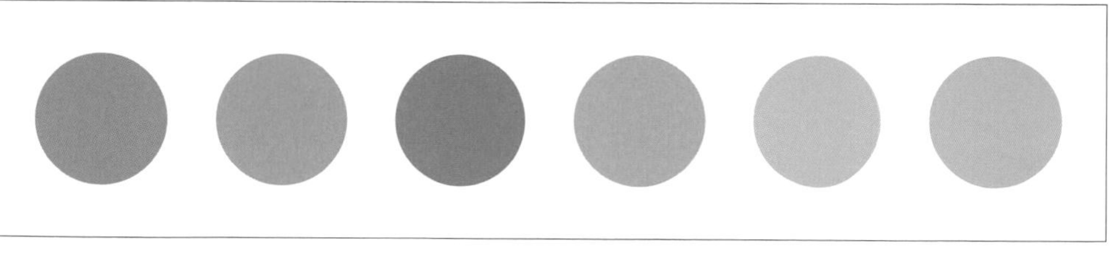

圖 2.5 顏色

位置

基本圖表常以位置呈現量化資料。

視覺化手法常以**位置的差異**呈現資料。舉例來說，用於資料分析的散佈圖就是利用位置的差異觀察資料傾向的手法（圖 2.6）。

此外，位置也是在地圖點出資訊的重要概念之一。

圖 2.6 位置

大小

資料視覺化很常利用大小呈現值的落差。

舉例來說，圖表的面積越大，代表該數值的量越大（圖 2.7）。此時讀者會認為面積越大的值「越大」或「越多」，所以大小不太適合用來區分名目尺度（例如用來比較性別）。

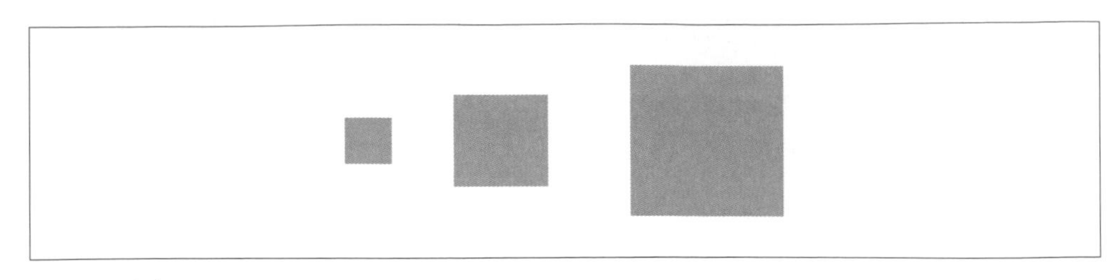

圖 2.7　大小

長度

長度可視為「大小」之一的度量衡。比起說面積的「大小」，長度是更簡潔的形狀，讀者也更容易理解（圖 2.8）。

舉例來說，當「線條長度」與「線條粗細」不同時，可解釋成「長度」與「大小」不同。

長度越長時，讀者會認為該值與大，而長度也是長條圖、直方圖、盒鬚圖這類基本圖形常用的元素。

資料視覺化的長度通常用於比較量化資料。

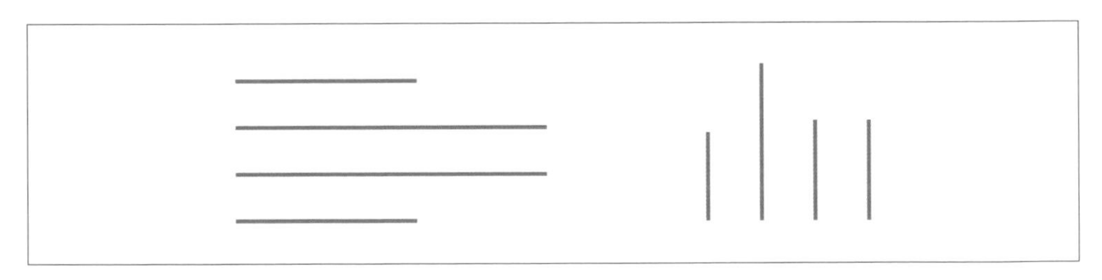

圖 2.8　長度

形狀

形狀常用來突顯資料與其他資料的不同之處（圖 2.9）。舉例來說，散佈圖很常以不同形狀的點呈現資料屬性的差異。

折線圖則很常以不同形狀的線，例如虛線呈現資料的差異，不過這種方式不太適合用來比較量化資料（量化變數），比較適合用來突顯質化資料（質化變數）的差異。

形狀本身帶有文化與習俗的意義，常於日常生活見到的**直方圖**就是其中之一。直方圖的細節將於第 8 章解說。

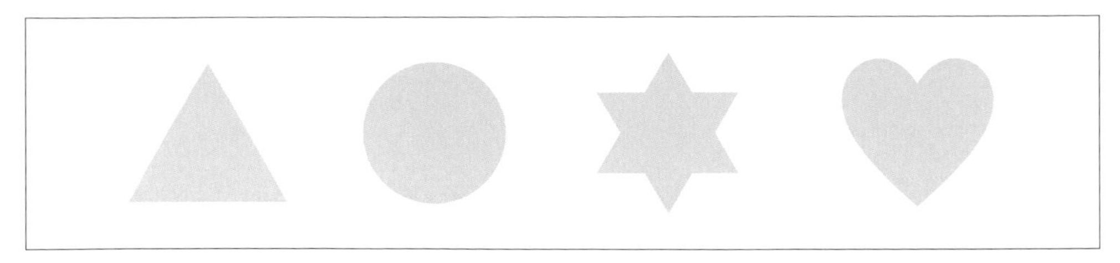

圖 2.9　形狀

斜率、角度

斜率也很常用來比較資料之間的差異（圖 2.10）。

例如折線圖就是其中一種。折線圖很常利用線條的斜率說明資料的變化幅度。

角度也很常用來比較資料之間的大小，例如圓形圖就是其中一例。圓形圖很常利用劃分圓形的線條的角度來說明資料的比例。

斜率與角度很常用於說明量化資料的差異。

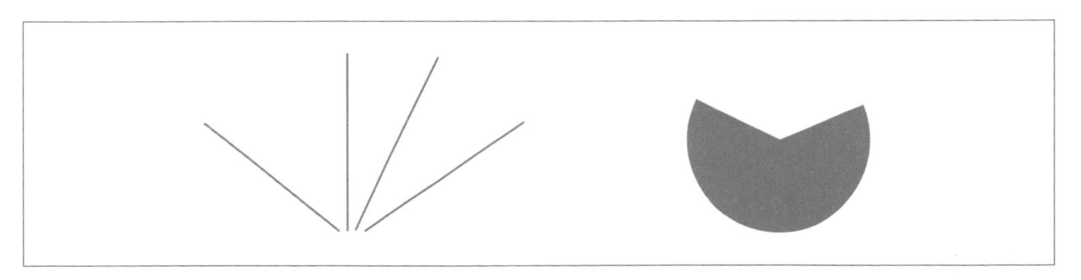

圖 2.10　斜率、角度

MEMO　角度與面積

圓形圖是利用內角大小說明資料大小的方法，但其實人類通常是以扇形的面積了解資料的大小，很難以目測的方式正確掌握面積的大小，所以圓形圖不一定能正確呈現資料。

比起面積，利用長度說明資料差異更為準確，所以要說明資料的比例時，通常會使用百分比堆疊長條圖或橫條圖。

04 資料設計的格式塔法則

與資料視覺化息息相關的格式塔法則。

格式塔法則是視覺設計的重要概念之一，了解這個法則可在視覺化資料的時候，讓資料變得更簡單易懂。

MEMO 格式塔法則

這是了解視覺資訊的法則。當我們的視野出現多種元素，我們會傾向將這些元素組合起來，藉此了解整體狀況的法則。

格式塔法則很常於視覺設計的領域使用，也是非常實用的概念。

資料視覺化常有「一張圖表包含多種資訊」的情況，所以圖表通常會應用了格式塔法則的概念。了解格式塔法則，就能活用人類肉眼辨識事物的特性以及更有效率地傳遞資訊。

接著為大家介紹於資料視覺化應用的格式塔法則。

接近法則

指的是相近的物體會被歸納為同一個或類似的群組的法則，而這種特性稱為**接近法則**（圖 2.11）。

在資料分析的例子之中，應用接近法則的圖表就是散佈圖，圖中的點越接近，代表這兩筆資料有類似的傾向。

圖 2.11 接近法則

連續法則

連續的物體會被視為有相關性。這種特性稱為**連續法則**（圖 2.12）。

在資料分析的例子之中，具有時間軸特性的折線圖就是應用了連續法則的圖表，會以同一條線串起來的點通常具有時間順序的相關性。

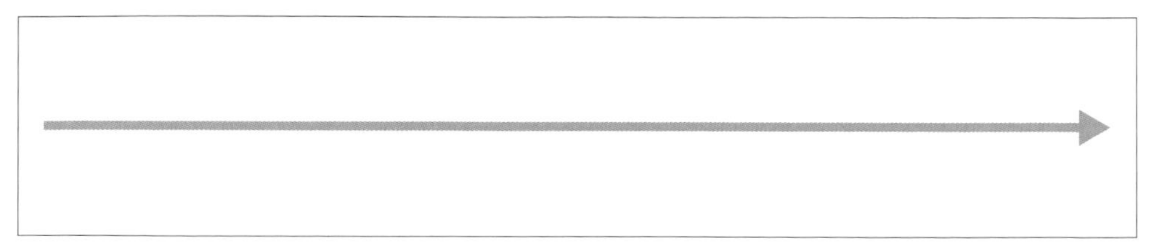

圖 2.12　連續法則

相似法則

顏色、形狀相似的物體通常會被視為同一群組，而這種特性稱為**相似法則**（圖 2.13）。舉例來說，圖表裡的圖案若是形狀相近，通常會將這類圖案視為同一個群組。

要根據資料屬性調整散佈圖的點的形狀時，可故意將點設定為相似的形狀，藉此讓這些點擁有相同的屬性。

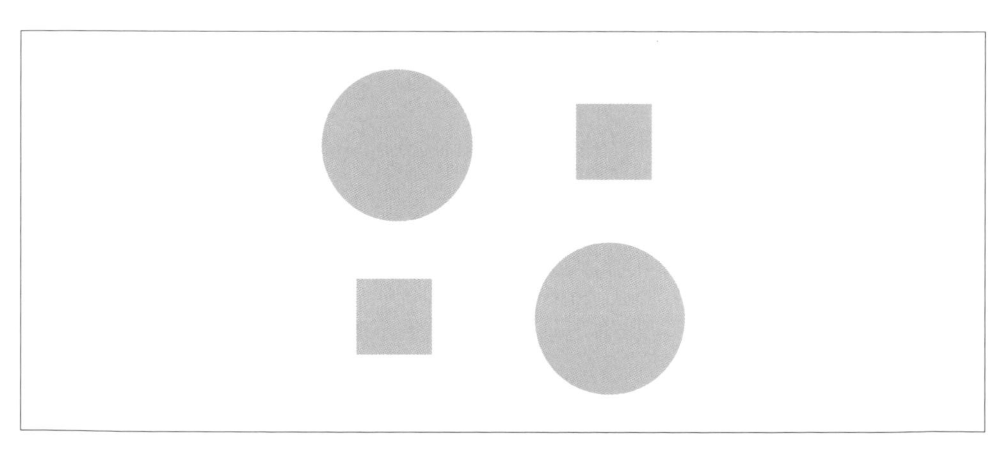

圖 2.13　相似法則

閉合法則

以一條線圍住資料或是將資料放在相同的背景色，讀者會認為這些資料具有相同的性質，而這種特性又稱為**閉合法則**（圖 2.14）。

若以資料視覺化的例子而言，地圖就很常使用這種法則，比方說，以同一個圓形或顏色圈出的區域，就是具有相同性質的熱圖。

圖 2.14　閉合法則

對稱法則

指的是將物體排成左右或上下對稱時，讀者會認為左右或上下的物體屬於同一個群組，而這種特性又稱為**對稱法則**（圖 2.15）。

較常應用這種對稱法則的圖表就是人口金字塔，這種圖表會以橫向的長條圖區分年齡層，並且讓男女的資料對稱呈現。

圖 2.15　對稱法則

05 視覺化手法的注意事項

為大家解說資料視覺化的注意事項。

考慮讀者的負擔

不要塞太多資訊

一般來說，資訊越多，越需要時間理解。

比起在一張圖表塞一堆資訊，分成多張圖表說明，讀者會比較容易理解。

比方說，我們偶爾會看到將兩張折線圖併成一張，然後在左右兩側配置不同座標軸的折線圖，但左右兩側的座標軸的單位通常不同，所以讀者通常得多花一些時間了解這兩條座標軸的數據，而且這種折線圖的折線很容易疊在一起，不那麼容易判讀。

由此可知，在一張圖表塞入一堆資訊會造成讀者的負擔，所以拆成不同的圖表通常會比較理想。

不要使用太多顏色

濫用顏色反而「不容易閱讀」。如果不需要以顏色標示差異，就盡量使用同一種顏色。此外，以類似的顏色標記資料之後，讀者會認為這些資料具有相似的屬性，所以一旦濫用顏色，其中又有一些顏色很相近的話，就很難突顯資料的差異。

簡單來說，不需要突顯資料的差異時，就不要使用顏色標記。

注意視線的流動方向

人類很難以從左至右或從上至下的順序觀察事物，通常會先注意特別突出的事物。

所以強調重要資訊或是花點心思設計重要資訊的位置，有助讀者理解資訊。

將必須告知的資訊放在圖表之內

如果缺少必要的資訊，讀者很容易誤解資訊的意義。舉例來說，明明是要利用顏色突顯資料的差異，但沒有透過圖例說明顏色，讀者就無法正確了解顏色的意義。

越想簡化視覺化手法，越容易想拿掉多餘的裝飾，但絕對不能因此連必要的資訊都拿掉。

MEMO 容易招致誤解的呈現方式

將沒有關聯性的資料擺在一起

一如前面格式塔法則的「連續法則」所述，利用折線串起兩筆資料之後，讀者會認為這兩筆資料之間有一定的關聯性。

但我們其實很常看到明明兩筆資料之間沒有關聯性，卻以折線串起這兩筆資料的折線圖。

此時只要拆開這兩筆資料，就能避免這類誤解（圖 2.16）。

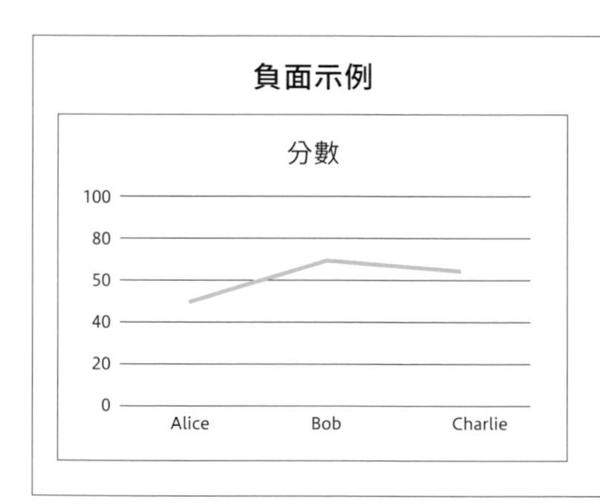

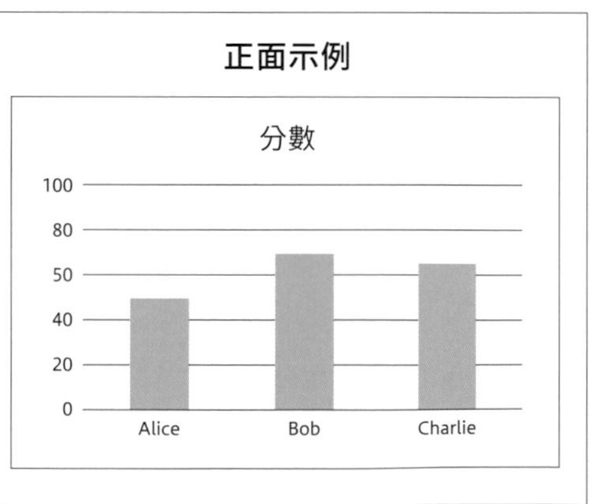

圖 2.16 不具相關性的資料

Chapter 3

本書使用的環境

這章要為大家解說本書使用的環境。本書使用的是初學者也容易上手的 Anaconda。

01 安裝 Anaconda

本書要使用 Anaconda 說明程式碼與輸出結果。

Anaconda 環境的建置

讓我們一起建置以 Python 進行視覺化所需的環境吧！
本書使用的是 Anaconda 這套執行 Python 的環境。

下載 Anaconda

第一步先至 Anaconda 安裝程式的網站（**圖 3.1**），請依照使用的電腦系統選擇 Windows 或 macOS 的版本。本書準備於 Windows 建置環境，要使用的 Python 版本為 3.7，所以可點選「Anaconda3-2019.10-Windows-x86_64.exe」或「Anaconda3-2019.10-Windows-x86.exe」。由於有 64 位元與 32 位元的版本，請大家先確認 Windows 的版本再下載（**圖 3.1**）。本書使用的是 64 位元版本。

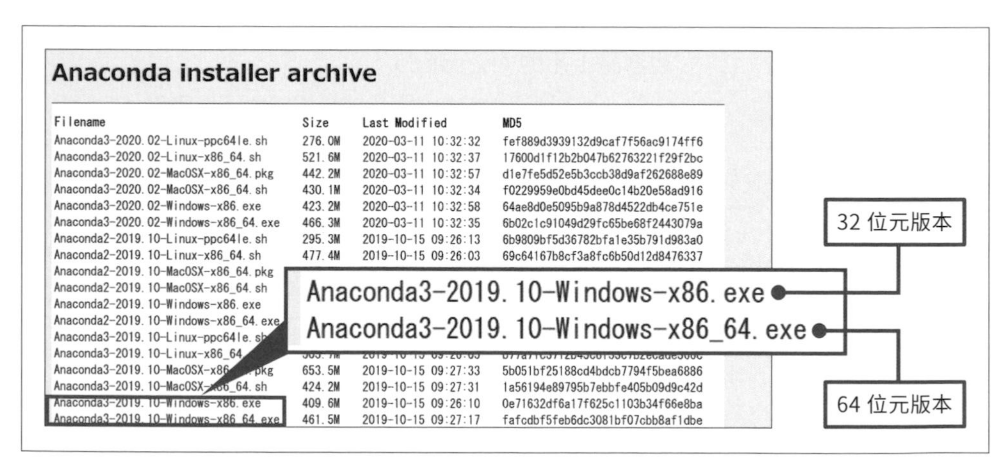

圖 3.1 下載 Anaconda 安裝程式的網站

URL https://repo.anaconda.com/archive/

安裝 Anaconda

下載完畢後，雙點 Anaconda 的安裝程式（Anaconda3-2019.10-Windows-x86_64.exe）。

此時會顯示「Welcome to Anaconda3 2019.10（64-bit）Setup」的精靈（圖 3.2）。請依精靈指示安裝①～⑦。

最後點選「Finish」⑧ 就完成 Anaconda 的設定。如此一來，就能執行 Python 的程式了。

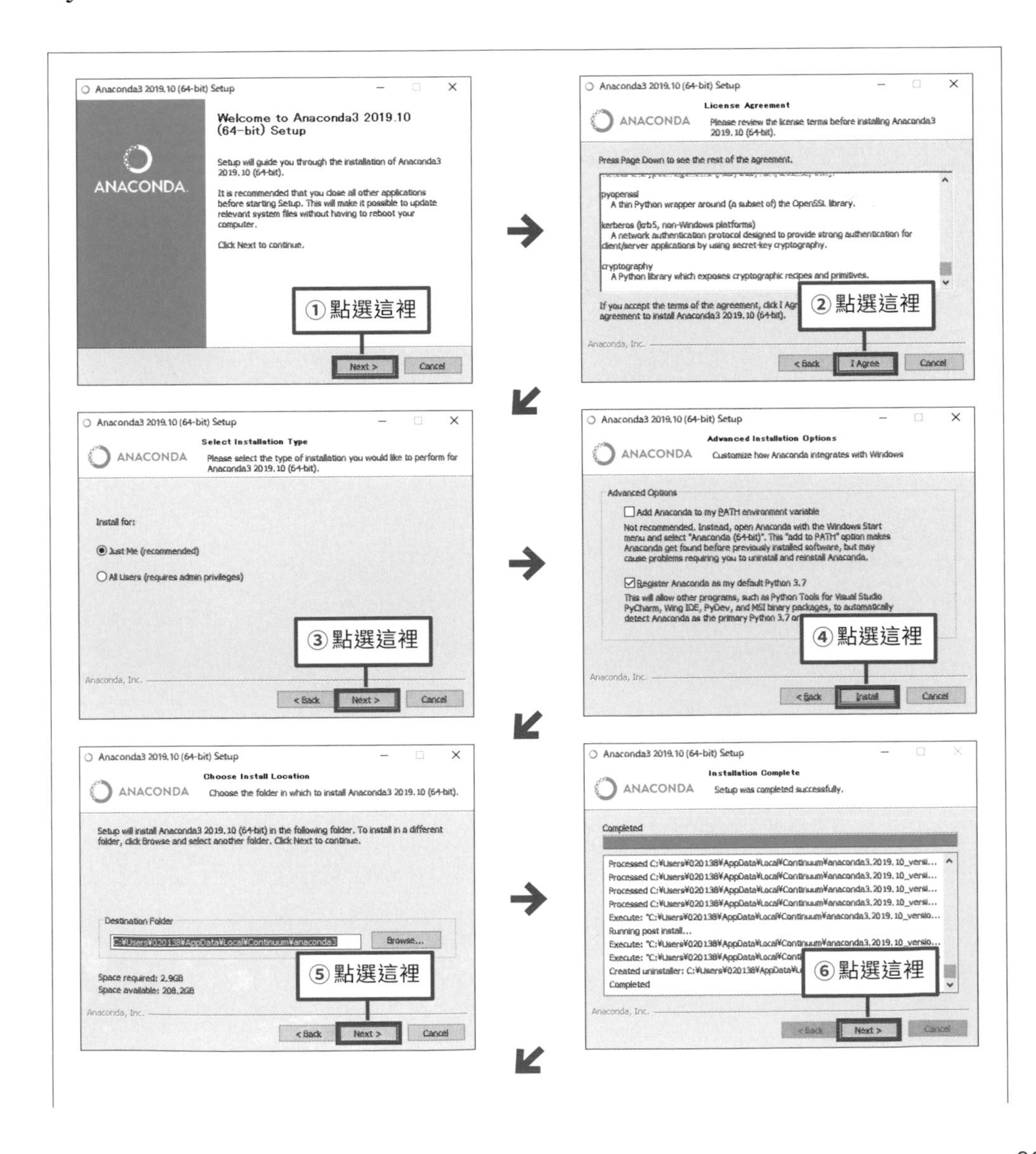

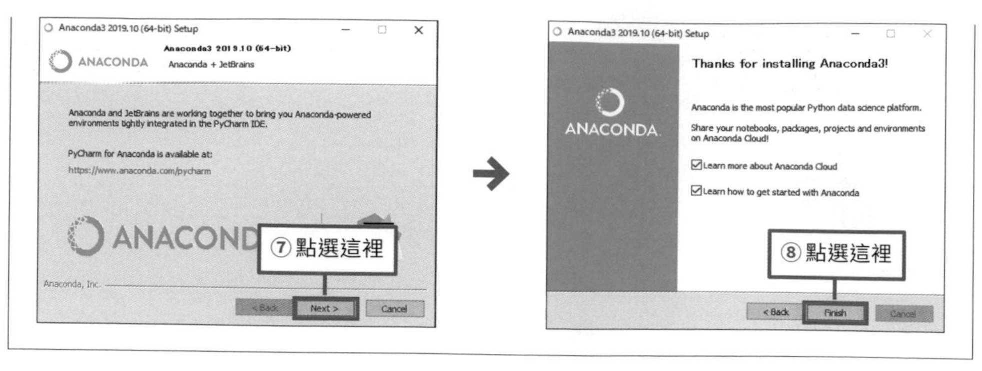

圖 3.2「Welcome to Anaconda3 2019.10（64-bit）Setup」的精靈

02 使用 Jupyter Notebook

說明如何在 Jupyter Notebook 執行 Python 程式的方法。

本書會在 Jupyter Notebook 執行程式。

Juypter Notebook 會在程式碼的下方顯示執行結果（例如散佈圖或直方圖），所以很適合用來練習視覺化手法。安裝 Anaconda 就能使用 Jupyter Notebook。

啟動 Jupyter Notebook 的方法有很多種，但本書要介紹比較簡單的方法。具體來說，就是在工作列的搜尋方塊輸入「jupyter」（**圖 3.3** ①），此時會跳出 Jupyter Notebook 這個搜尋結果，請選擇該結果②。

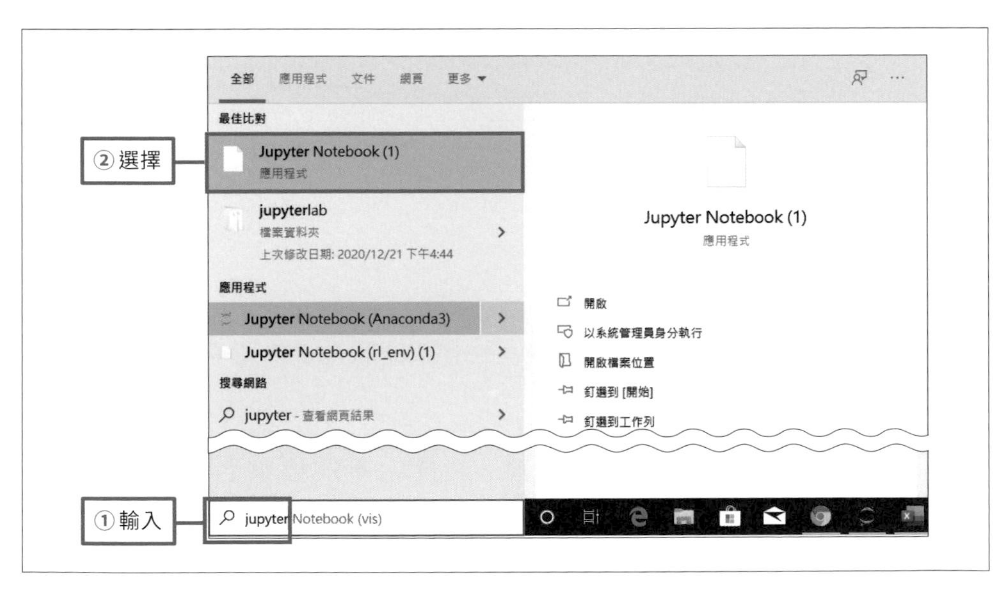

圖 3.3　啟動 Jupyter Notebook

此時預設的瀏覽器會啟動。若想將瀏覽器換成 Google Chrome 或 Firefox，可複製 Jupyter Notebook 的 Prompt 下方的 URL，再將該 URL 貼入瀏覽器的網址列。

[Jupyter Notebook 的 Prompt]

```
(…略…)
[C 12:38:21.976 NotebookApp]

    Copy/paste this URL into your browser when you connect for the first time,
    to login with a token:
        http://localhost:8888/?token=XXXXXXXXXXXXXXXXXXXXXXXXXXXXXXXXXXXXXXXXXXXXXXXX
```

複製 URL（X 為隨機的英文字母與數字）

建立新的 Notebook

Jupyter Notebook 啟動之後，就移動到可輸入與執行程式碼的畫面吧。從右上角的「New」下拉式選單點選「Python 3」（**圖 3.4** ①②）。

圖 3.4 新增 Notebook

執行 Python 的程式碼

Jupyter Notebook 已內建了執行 Python 與視覺化手法所需的環境。

第一步先變更檔案名稱。點選 Jupyter 標誌右側的「Untitled」（**圖 3.5** ①），會顯示「Rename Notebook」視窗。請輸入新的檔案名稱②，再點選「Rename」③。範例將檔案名稱設定為「test」，所以「Untitled」會改成「test」④。

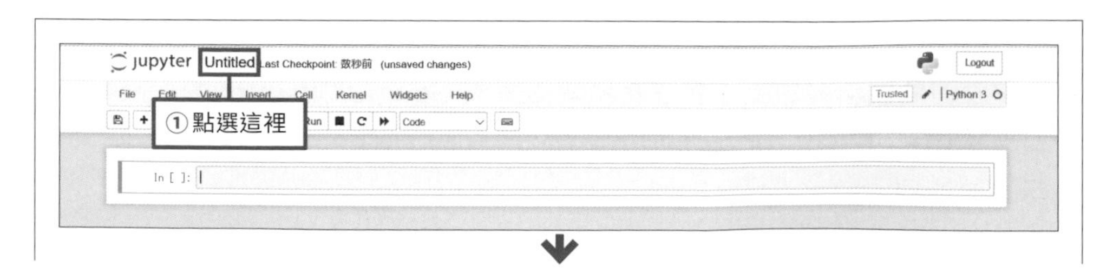

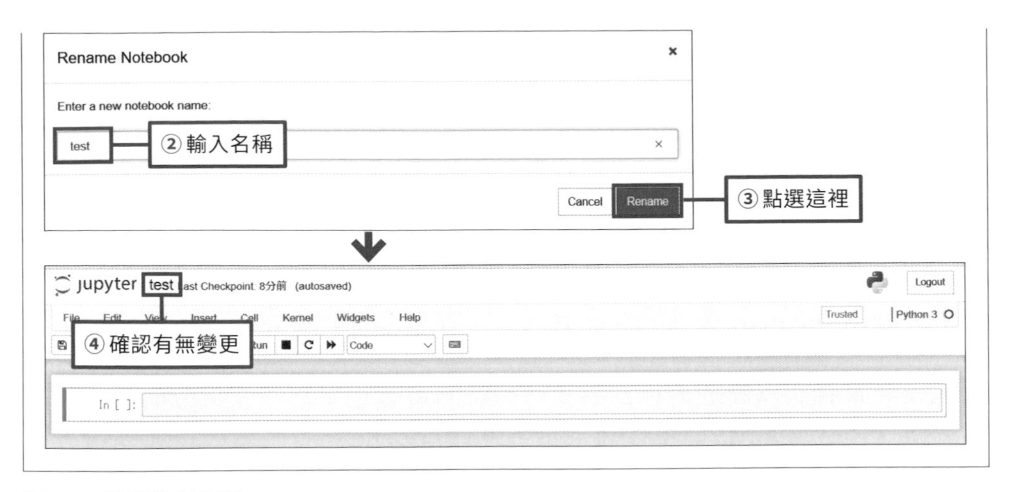

圖 3.5　變更檔案名稱

請試著在 cell 輸入「print(“Hello World!”)」（**圖 3.6** ①）。輸入完畢後，點選「Run」執行程式②。也可以直接按下「Shift」+「Enter」鍵執行。

此時應該會如**列表 3.1**、**圖 3.6** 顯示「Hello World ！」才對。

列表 3.1　Hello World!

In
```
print("Hello World!")
```

Out
```
Hello World!
```

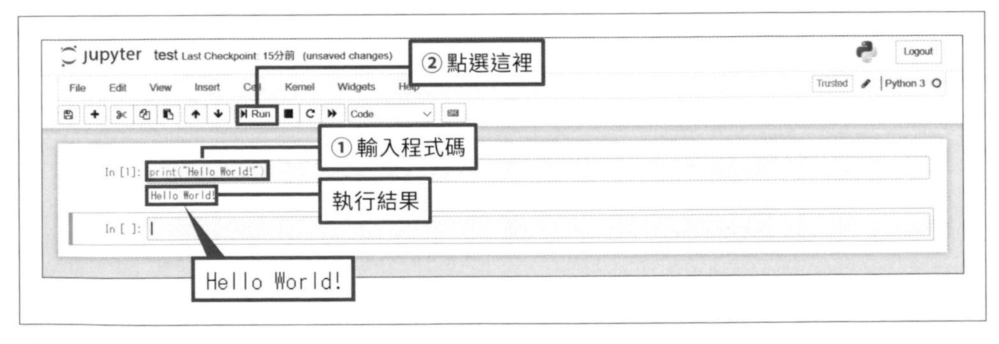

圖 3.6　執行程式

第 4 章之後的程式碼都會先寫成 Jupyter Notebook 的 Notebook 再執行。

03 安裝函式庫

安裝視覺化手法所需的函式庫。

本書要使用 Python 內建的各種函式庫，介紹各種視覺化手法。

函式庫能讓我們以簡短的程式碼執行複雜的視覺化手法。大部分的函式庫都在安裝 Anaconda 時安裝完畢，但有些函式庫則必須在執行程式之前先安裝。

安裝必要的函式庫

假設執行本書的範例檔時出現錯誤，請先確認是否安裝了必要的函式庫。

假設還沒安裝，請先啟動 Anaconda Prompt（**圖 3.7** ①②）安裝。

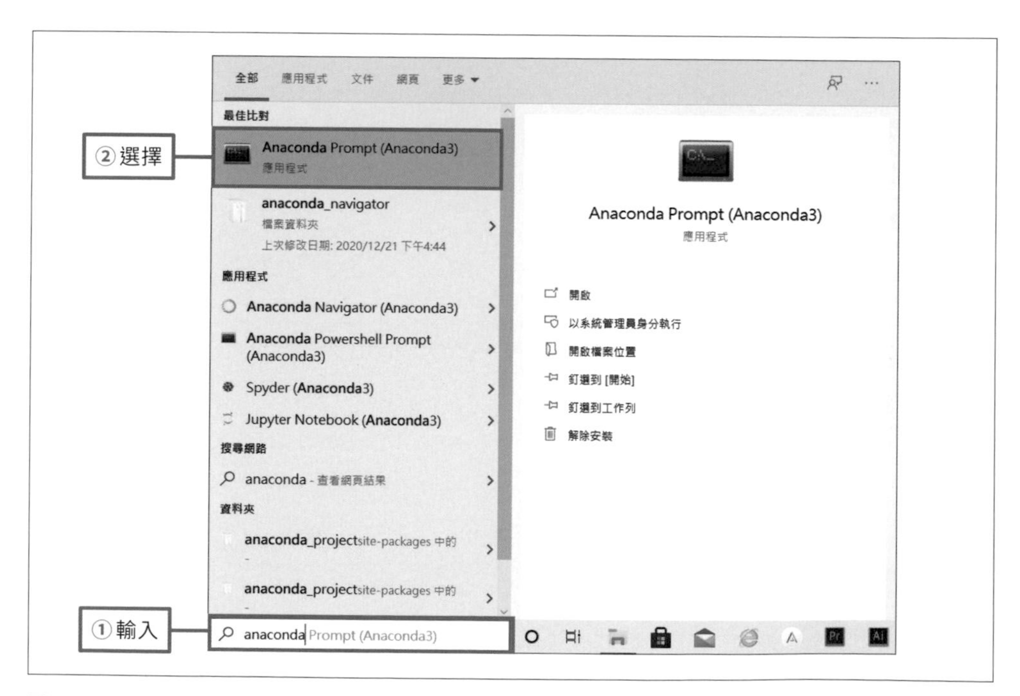

圖 3.7 啟動 Anaconda Prompt

Anaconda Prompt 啟動之後，請輸入「conda install（函式庫名稱）」（**圖 3.8**），安裝必要的套件。本書需要的函式庫請參考下一節的**表 3.1**。比方說，要安裝 folium 這個函式庫，可輸入下列的命令再按下「Enter」鍵。

[Anaconda Prompt]

```
conda install folium
```

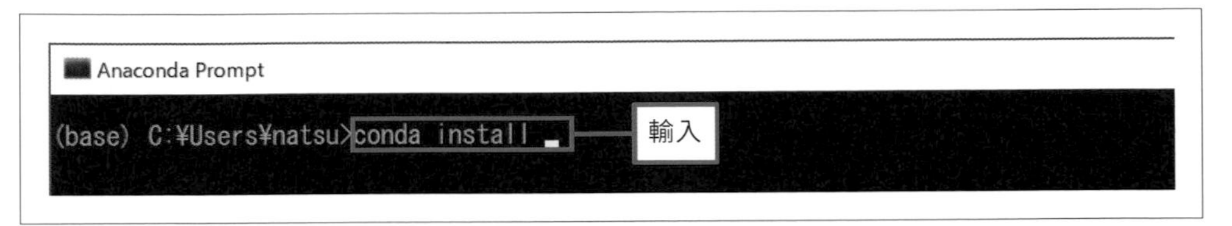

圖 3.8 在 Anaconda Prompt 輸入 conda 命令

無法以 conda 命令管理的函式庫是無法以 conda 命令安裝的，此時要改以 pip 命令安裝。

輸入「pip install（函式庫名稱）」（**圖 3.9**）即可安裝必要的套件。

[Anaconda Prompt]

```
pip install plotly
```

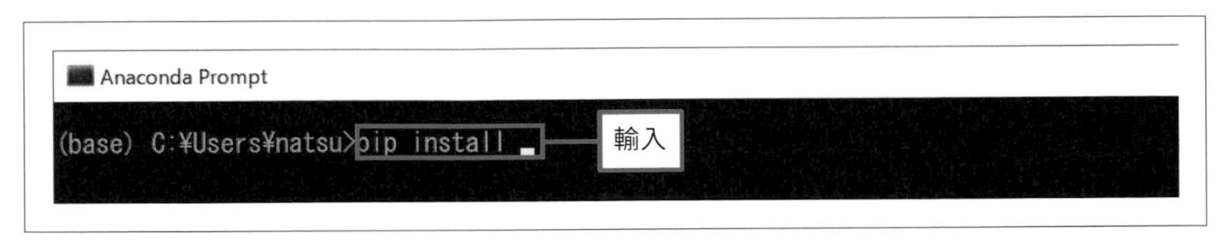

圖 3.9 在 Anaconda Prompt 輸入 pip 命令

若要一口氣安裝所有本書所需的函式庫，請參考下一節「安裝函式庫的命令」。

04 本書執行環境總結

說明本書的執行環境。

本書將於下列的環境（**圖 3.10**）執行視覺化手法的程式。在不同的環境下執行，有可能會出現錯誤。

- 環境
  OS：Windows 10（64 位元版本）
  瀏覽器：Google Chrome（僅第 6 章為 Firefox）

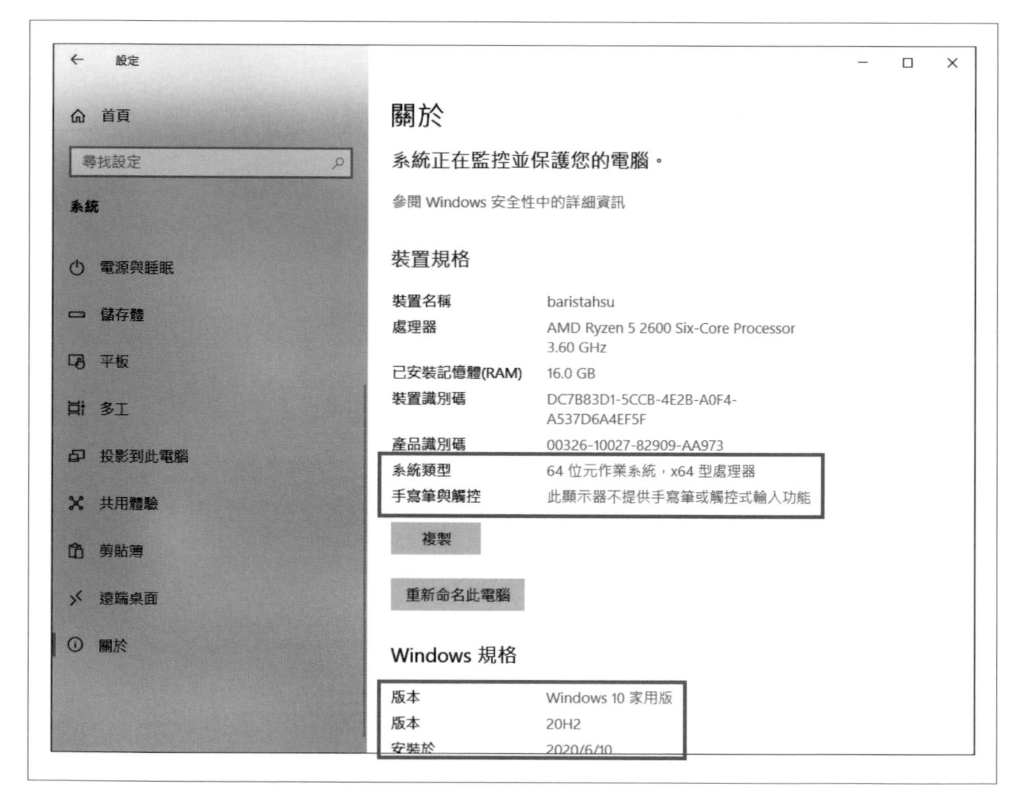

圖 3.10 本書使用的環境

第 4 章之後，將利用函式庫改造或視覺化資料。

假設出現任何與函式庫有關的錯誤（例如 ModuleNotFoundError），有可能是尚未安裝需要的函式庫。

本書使用的環境已安裝了**表 3.1** 的所有函式庫。

執行程式時，若顯示與函式庫有關的錯誤與重新安裝函式庫時，都需要重新啟動 Jupyter Notebook。

- Python 與函式庫的版本
  Python 的版本：3.7.3
  函式庫的版本（**表 3.1**）

表 3.1 函式庫的版本

本書使用的函式庫	本書環境的版本
branca	0.3.1
folium	0.10.0
geoplotlib	0.3.2
ipython	7.5.0
janome	0.3.9
matplotlib	3.1.1
numpy	1.16.5
pandas	0.25.1
pillow	6.1.0
plotly	4.1.1
scipy	1.3.1
seaborn	0.9.0
squarify	0.4.3
statsmodels	0.10.1
文字雲	1.5.0

ATTENTION 出現程式錯誤或無法執行程式時

函式庫的版本有可能是程式無法正確執行的原因，有些函式庫會無法在某些瀏覽器執行，此時請檢視執行環境。

安裝函式庫的命令

本書使用的所有函式庫可透過下列兩個命令安裝。

請於 Anaconda Prompt 執行下列的命令。

[Anaconda Prompt]

```
pip install branca==0.3.1 folium==0.10.0 geoplotlib==0.3.2 janome==0.3.9 ➡
squarify==0.4.3 wordcloud==1.5.0
```

[Anaconda Prompt]

```
conda install ipython==7.5.0 matplotlib==3.1.1 numpy==1.16.5 pandas==0.25.1 ➡
pillow==6.1.0 plotly==4.1.1 scipy==1.3.1 seaborn==0.9.0 statsmodels==0.10.1 -y
```

本書的環境建置完成後，下一章就要開始在 Jupyter Notebook 的 Notebook 撰寫程式碼，試著以 Python 操作資料。

本書會匯入範例檔與圖片再執行程式。

請從本書的範例下載網站下載檔案，再將這些檔案放在 Jupyter Notebook 的 Notebook 檔案的資料裡。

- **本書範例檔的下載網址**

  URL http://books.gotop.com.tw/download/ACD021300

05 建置虛擬環境（參考）

若想建置虛擬環境，在虛擬環境下執行程式，可參考本節說明的方法。

不建置虛擬環境也能執行 Python 的程式。

執行本書的範例時，不需要執行本節記載的內容，不過，若是將來需要進行大量的分析，有可能會遇到需要管理函式庫版本的情況，此時若能於虛擬環境下管理將會方便得多，所以本書要為大家介紹建置虛擬環境的方法。

建立多個虛擬環境意味著建置多個規格不同的分析環境，也比較方便管理函式庫的版本。

為了不同版本的函式庫建置虛擬環境是常有的情況，所以在此為大家介紹建置虛擬環境的方法。

虛擬環境可透過下列的命令建置。

[Anaconda Prompt]

```
conda create -n 虛擬環境的名稱
```

要與本書指定相同的 Python 版本再執行程式時，請執行下列的命令。Python 的版本可利用 python=（版本編號）的語法指定（本次建立的是「vis」這個名稱的虛擬環境）。

[Anaconda Prompt]

```
conda create -n vis python=3.7.3
```

啟動虛擬環境的命令為 conda activate（虛擬環境名稱）。

[Anaconda Prompt]

```
conda activate vis
```

虛擬環境建置完成後，可於虛擬環境安裝函式庫。

要以 conda 命令指定安裝的套件的版本時，可在 Anaconda Prompt 執行 conda install（函式庫名稱）==（版本編號）這個命令。

[Anaconda Prompt]

```
conda install folium==0.10.0
```

若要利用 pip 命令安裝指定版本的函式庫，可於 Anaconda Prompt 執行 pip install（函式庫名稱）==（版本編號）這個命令。

[Anaconda Prompt]

```
pip install 文字雲==1.5.0
```

若想結束虛擬環境可執行 conda deactivate 命令。

[Anaconda Prompt]

```
conda deactivate
```

在虛擬環境安裝函式庫的命令

本書使用的所有函式庫可透過下列兩個命令安裝。

若要在虛擬環境安裝這些函式庫，請於虛擬環境的 Anaconda Prompt 執行下列的命令。

[Anaconda Prompt]

```
pip install branca==0.3.1 folium==0.10.0 geoplotlib==0.3.2 janome==0.3.9 ➡
squarify==0.4.3 文字雲==1.5.0
```

[Anaconda Prompt]

```
conda install ipython==7.5.0 matplotlib==3.1.1 numpy==1.16.5 ➡
pandas==0.25.1 pillow==6.1.0 plotly==4.1.1 scipy==1.3.1 seaborn==0.9.0 ➡
statsmodels==0.10.1 jupyter -y
```

如果已建置了虛擬環境，必須在啟動 Jupyter Notebook 時，選擇 Jupyter Notebook（虛擬環境名稱），才能啟動虛擬環境。

- 例：假設虛擬環境名稱為「vis」，則可啟動「Jupyter Notebook（vis）」

Chapter 4

利用 Python 操作資料的基本知識

在視覺化資料之前，先為大家解說操作資料的基本知識。

01 資料處理所需的函式庫

為大家介紹用於資料視覺化事前處理的函式庫。

從本章開始，要帶著大家一邊在 Jupyter Notebook 的 Notebook 檔案撰寫程式碼，一邊執行程式碼。請參考第 3 章 02 節「使用 Jupyter Notebook」啟動 Jupyter Notebook。

NumPy

NumPy 是利用 Python 進行科學運算所需的基本函式庫，其中包含陣列運算與陣列交互運算的函數。

一般來說，會以 **np.** 函數**名稱**呼叫 NumPy 的函數。本書也採用這種方式呼叫，所以會先以**程式 4.1** 的 **import numpy as np** 載入 NumPy。

程式 4.1 載入 NumPy

In
```
import numpy as np
```

pandas

pandas 內建了資料結構與函數。pandas 的物件 DataFrame（資料框架）可利用二維的表格格式儲存資料，這種格式對於熟悉試算表軟體的人來說，應該是再熟悉不過的了，pandas 可利用**程式 4.2** 的方式載入。

程式 4.2 載入 pandas

In
```
import pandas as pd
```

janome

janome 是操作日文字串所需的函式庫。

在視覺化日文字串之前，會先利用這個函式庫進行事前處理。

janome 可透過**程式 4.3** 的方式載入。

程式 4.3 載入 janome

In
```
import janome
```

02 視覺化手法所需的函式庫

在進行資料視覺化時，會運用的各種函式庫。

matplotlib

matplotlib 是利用 Python 視覺化資料常見的經典函式庫，可於 Jupyter Notebook 這類 Python 開發環境顯示圖表。

若要使用本書介紹的 matplotlib 的版本，Python 的版本必須高於 3。matplotlib 可利用**程式 4.4** 的方式載入。

程式 4.4 載入 matplotlib

In
```
import matplotlib.pyplot as plt
```

seaborn

seaborn 是以 matplotlib 為雛型的 Python 資料視覺化函式庫，可讓視覺化的統計資料變得更美觀。

seaborn 可透過**程式 4.5** 的方式載入。

程式 4.5 載入 seaborn

In
```
import seaborn as sns
```

plotly

plotly 是能繪製動態圖表的函式庫，而且還能利用預設值美化圖表。

其最大特徵在於對話式資料操作模式，也能繪製立體圖表（不過本書不會介紹這個部分）。

folium

folium 是於地圖呈現視覺化資訊的函式庫。可使用 OpenStreetMap（URL https://www.openstreetmap.org/）這類地圖呈現資訊。

文字雲

文字雲是建立文字雲所需的函式庫，可視覺化文字資訊，以及利用單字填滿空間。

只需要輸入幾行程式就能繪製文字雲，而且還能依照圖案的形狀繪製文字雲。

pillow

pillow 是處理圖片所需的函式庫，本書會於利用圖片呈現數據時使用。

本書會在第 8 章用圖片呈現數量的視覺化手法「資訊圖表」使用這個函式庫。

03 Python 操作的資料結構

為大家解說於資料視覺化經常使用的資料結構

資料格式

列表

列表是儲存資料的陣列。

以 [] 定義之後，就能利用列表類型儲存資料（**程式 4.6**）。

程式 4.6 列表範例

In
```
sample_list = [1, 2, 3, 4]
sample_list
```

```
[1, 2, 3, 4]
```

In
```
type(sample_list)
```

Out
```
list
```

Series（序列）

Series 是 pandas 資料格式之一。

Series 是一維的列表值與帶有索引值的物件。要注意的是，索引值是從 **0** 開始（**程式 4.7**）（在建立 Series 物件之際，故意不賦予索引值的情況除外）。

程式 4.7 Series 格式的範例

In
```
sample_series = pd.Series([1,2,3])
sample_series
```

Out

```
0    1
1    2
2    3
dtype: int64
```

In

```
type(sample_series)
```

Out

```
pandas.core.series.Series
```

DataFrame（資料框架）

用於資料分析的資料基本上都可利用 pandas 的資料框架處理。資料框架是 Series 物件的集合體，可利用列與欄的格式儲存資料。

要建立資料框架可在 **pd.DataFrame** 函數的參數指定資料。接著建立以姓名、分數為欄位名稱的資料框架（**程式 4.8**）。

程式 4.8　資料框架的範例

In

```
sample_df = pd.DataFrame({
    "姓名": ["Alice", "Bob", "Charlie"],
    "分數": [78, 65, 90]
})
sample_df
```

Out

```
          姓名    分數
──────────────────
0      Alice    78
1        Bob    65
2    Charlie    90
```

In

```
type(sample_df)
```

Out

```
pandas.core.frame.DataFrame
```

04 基本操作

介紹資料視覺化所需的資料操作方法。

載入 CSV 檔案

資料分析通常是分析以 CSV 格式儲存的資料，所以在此為大家介紹載入 CSV 檔案的方法。

第一步，先載入 CSV 檔案，再儲存為資料框架。

下載的範例檔中有個檔名為「read_sample.csv」的 CSV 檔。下載完畢後，請將這個 CSV 檔案與 Jupyter Notebook 的檔案放在同一個資料夾，接著利用 **read_csv** 函數載入。

載入的檔案會以 pandas 資料框架的方式儲存（**程式 4.9**）。

程式 4.9　載入 CSV 檔案

In
```
import numpy as np
import pandas as pd

new_data = pd.read_csv("read_sample.csv")
```

顯示載入的資料

若要顯示剛剛載入的資料框架，先輸入資料框架的名稱再執行（**程式 4.10**）。

程式 4.10　顯示載入的資料

In
```
new_data
```

Out

	姓名	分數
0	Alice	78
1	Bob	65
2	Charlie	90

05 基本運算

本節要介紹於第 5 章之後常用的基本運算。

在執行範例之前，請先執行**程式 4.11** 的程式碼。

程式 4.11　需事先執行的程式碼

In
```
import numpy as np
import pandas as pd
import matplotlib.pyplot as plt
import seaborn as sns
```

基本運算

使用運算子（+、-、*、/）的基本運算範例為**程式 4.12**。

程式 4.12　基本運算

In
```
# 加法
1 + 1
```

Out
```
2
```

In
```
# 減法
2 - 1
```

Out
```
1
```

In
```
# 乘法
3 * 1
```

Out
```
3
```

In
```
# 除法
4 / 1
```

Out
```
4.0
```

取得字數

要取得字數可使用 **len** 函數（**程式 4.13**）。

程式 4.13　取得字數

In
```
len("python")
```

Out
```
6
```

06 操作資料框架

利用資料框架撰寫第五章之後要使用的資料處理方法。

接著要使用 seaborn 的 titanic 資料集。只要執行 **load_dataset** 函數，就能以資料框架的格式載入 seaborn 內建的範例資料集（**程式 4.14**）。

程式 4.14 以 pandas 的資料框架格式載入範例資料

In

```
titanic = sns.load_dataset("titanic")
titanic
```

Out

	survived	pclass	sex	age	sibsp	parch	fare	embarked	class	who	adult_male	deck	embark_town	alive	alone
0	0	3	male	22.0	1	0	7.2500	S	Third	man	True	NaN	Southampton	no	False
1	1	1	female	38.0	1	0	71.2833	C	First	woman	False	C	Cherbourg	yes	False
2	1	3	female	26.0	0	0	7.9250	S	Third	woman	False	NaN	Southampton	yes	True
3	1	1	female	35.0	1	0	53.1000	S	First	woman	False	C	Southampton	yes	False
4	0	3	male	35.0	0	0	8.0500	S	Third	man	True	NaN	Southampton	no	True
...	...	...	...	...	...	...	...	...	...	...	...	...	...	...	...
886	0	2	male	27.0	0	0	13.0000	S	Second	man	True	NaN	Southampton	no	True
887	1	1	female	19.0	0	0	30.0000	S	First	woman	False	B	Southampton	yes	True
888	0	3	female	NaN	1	2	23.4500	S	Third	woman	False	NaN	Southampton	no	False
889	1	1	male	26.0	0	0	30.0000	C	First	man	True	C	Cherbourg	yes	True
890	0	3	male	32.0	0	0	7.7500	Q	Third	man	True	NaN	Queenstown	no	True

891 rows × 5 columns

取得第 1 列的元素

pandas 可參考整數的位置索引值。位置索引值是從 0（零）開始的整數，要參照的時候，可使用 **iloc** 屬性。

舉例來說，要取得第一列的資料可利用 **iloc[0]** 的語法取得（**程式 4.15**）。要取得第 2 列可使用 **iloc[1]** 的語法，以此類推，即可取得其他資料。

程式 4.15 取得第一列的元素的範例

In

```
titanic.iloc[0]
```

Out

```
survived                 0
pclass                   3
sex                   male
age                     22
sibsp                    1
parch                    0
fare                  7.25
embarked                 S
class                Third
who                    man
adult_male            True
deck                   NaN
embark_town    Southampton
alive                   no
alone                False
Name: 0, dtype: object
```

取得特定欄位

指定要取得的欄位，可從資料框架取得 Series 格式的欄位（**程式 4.16**）。

程式 4.16 取得一個欄位的範例

In

```
titanic_class = titanic["class"]
titanic_class
```

Out

```
0       Third
1       First
2       Third
3       First
4       Third
        ...
886    Second
887     First
888     Third
889     First
890     Third
Name: class, Length: 891, dtype: category
Categories (3, object): [First, Second, Third]
```

計算資料的列數

len 函數可用於計算字數之餘，將參數指定為資料框架，就能輸出資料的列數（**程式 4.17**）。

程式 4.17 計算資料的列數

In
```
len(titanic)
```

Out
```
891
```

摘要資料

為了利用函式庫快速視覺化資料，可先摘要資料再顯示摘要結果。

在此為大家介紹進行資料視覺化時，利用 pandas 快速摘要資料的方法。

確認基本統計量

describe 函數可確認各欄基本統計量的摘要結果，很適合用來掌握資料的概要。（**程式 4.18**）

程式 4.18 利用 describe 函數確認資料概要的範例

In
```
titanic.describe()
```

Out

	survived	pclass	age	sibsp	parch	fare
count	891.000000	891.000000	714.000000	891.000000	891.000000	891.000000
mean	0.383838	2.308642	29.699118	0.523008	0.381594	32.204208
std	0.486592	0.836071	14.526497	1.102743	0.806057	49.693429
min	0.000000	1.000000	0.420000	0.000000	0.000000	0.000000
25%	0.000000	2.000000	20.125000	0.000000	0.000000	7.910400
50%	0.000000	3.000000	28.000000	0.000000	0.000000	14.454200
75%	1.000000	3.000000	38.000000	1.000000	0.000000	31.000000
max	1.000000	3.000000	80.000000	8.000000	6.000000	512.329200

計算欄位的資料筆數

若要計算特定欄位的資料筆數可使用 **value_counts** 函數（程式 4.19）。

程式 4.19　計算欄位的資料筆數的範例

In
```
titanic_class = titanic["class"].value_counts()
titanic_class
```

Out
```
Third     491
First     216
Second    184
Name: class, dtype: int64
```

計算欄位的特殊元素數量

若想知道欄位之中，有多少個特殊元素可使用 **nunique** 函數（程式 4.20）。

程式 4.20　計算欄位特殊元素的範例

In
```
titanic_unique = titanic["class"].nunique()
titanic_unique
```

Out
```
3
```

利用 groupby 函數摘要

若想設定條件，摘要欄位資料，可使用 **groupby** 函數。

在 **groupby** 函數指定要摘要的欄位名稱，再對資料框架執行這個函數即可摘要這個欄位。比方說，以 **sex** 欄位為 key，計算 **class** 欄位的筆數（程式 4.21）。

程式 4.21　摘要資料再輸出資料筆數

In
```
titanic_sex_class = titanic.groupby("sex")["class"].value_counts()
titanic_sex_class
```

```
sex     class
female  Third     144
        First      94
        Second     76
male    Third     347
        First     122
        Second    108
Name: class, dtype: int64
```


計算每個特定變數的平均值

value_counts 函數可取得資料筆數，但要計算平均值得使用 **mean** 函數（程式 4.22）。

其他像是 **sum** 或 **median** 這類函數也很常對 **groupby** 函數使用。

程式 4.22　計算每個特定變數的平均值

```
titanic_group_mean = titanic.groupby("sex").mean()
titanic_group_mean
```

sex	survived	pclass	age	sibsp	parch	fare	adult_male	alone
female	0.742038	2.159236	27.915709	0.694268	0.649682	44.479818	0.000000	0.401274
male	0.188908	2.389948	30.726645	0.429809	0.235702	25.523893	0.930676	0.712305

利用 **groupby** 函數輸出結果，用於摘要的欄位會自動成為索引值，若不想讓欄位成為索引值，可將 **groupby** 函數的參數 **as_index** 設定為 **as_index=False**（程式 4.23）。

程式 4.23　計算每種性別的平均值

```
titanic_group_mean = titanic.groupby("sex", as_index=False).mean()
titanic_group_mean
```

	sex	survived	pclass	age	sibsp	parch	fare	adult_male	alone
0	female	0.742038	2.159236	27.915709	0.694268	0.649682	44.479818	0.000000	0.401274
1	male	0.188908	2.389948	30.726645	0.429809	0.235702	25.523893	0.930676	0.712305

計算以兩個變數摘要的平均值

groupby 函數也可以指定**兩個**以上的欄位。要以兩個以上的變數摘要再計算平均值時，可在 **groupby** 函數以 **[]** 括住兩個以上的變數，再以逗號間隔這些變數（**程式 4.24**）。

程式 4.24　以兩個變數摘要再計算平均值的範例

In
```
titanic_group_mean2 = titanic.groupby(["sex", "class"], ➡
as_index=False).mean()
titanic_group_mean2
```

Out

	sex	class	survived	pclass	age	sibsp	parch	fare	adult_male	alone
0	female	First	0.968085	1.0	34.611765	0.553191	0.457447	106.125798	0.000000	0.361702
1	female	Second	0.921053	2.0	28.722973	0.486842	0.605263	21.970121	0.000000	0.421053
2	female	Third	0.500000	3.0	21.750000	0.895833	0.798611	16.118810	0.000000	0.416667
3	male	First	0.368852	1.0	41.281386	0.311475	0.278689	67.226127	0.975410	0.614754
4	male	Second	0.157407	2.0	30.740707	0.342593	0.222222	19.741782	0.916667	0.666667
5	male	Third	0.135447	3.0	26.507589	0.498559	0.224784	12.661633	0.919308	0.760807

進行交叉統計

摘要資料筆數

crosstab 函數可計算群組的出現頻率。

舉例來說，以 titanic 的 **who** 欄位與 **class** 欄位摘要資料時，可在 **crosstab** 函數的參數指定要摘要的 **who** 與 **class** 欄位（**程式 4.25**）。

程式 4.25　摘要資料筆數的範例

In
```
cross_class = pd.crosstab(titanic["who"], titanic["class"])
cross_class
```

Out

class who	First	Second	Third
child	6	19	58
man	119	99	319
woman	91	66	114

正規化

交叉統計資料筆數時，若希望列方向的合計值為 1，建立正規化的交叉統計結果，可將 **crosstab** 函數的函數指定為 **normalize="index"**（**程式 4.26**）。

在以圖表說明比例與組成成份時，可利用這種方式預先計算，以便完成視覺化的事前準備。

程式 4.26 正規化範例

In

```
cross_nmrl = pd.crosstab(titanic["who"], titanic["class"], ➡
normalize="index")
cross_nmrl
```

Out

class who	First	Second	Third
child	0.072289	0.228916	0.698795
man	0.221601	0.184358	0.594041
woman	0.335793	0.243542	0.420664

篩選出符合條件的資料

這是從資料框架之中，取得欄位含有特定值的列的方法（**程式 4.27**）。

程式 4.27 篩選出符合條件的資料的範例

In

```
etitanic_female = titanic[titanic["sex"] == "female"]
titanic_female
```

Out

	survived	pclass	sex	age	sibsp	parch	fare	embarked	class	who	adult_male	deck	embark_town	alive	alone
1	1	1	female	38.0	1	0	71.2833	C	First	woman	False	C	Cherbourg	yes	False
2	1	3	female	26.0	0	0	7.9250	S	Third	woman	False	NaN	Southampton	yes	True
3	1	1	female	35.0	1	0	53.1000	S	First	woman	False	C	Southampton	yes	False
8	1	3	female	27.0	0	2	11.1333	S	Third	woman	False	NaN	Southampton	yes	False
9	1	2	female	14.0	1	0	30.0708	C	Second	child	False	NaN	Cherbourg	yes	False
...	...	...	...	...	...	...	...	...	...	...	...	...	...	...	...
880	1	2	female	25.0	0	1	26.0000	S	Second	woman	False	NaN	Southampton	yes	False
882	0	3	female	22.0	0	0	10.5167	S	Third	woman	False	NaN	Southampton	no	True
885	0	3	female	39.0	0	5	29.1250	Q	Third	woman	False	NaN	Queenstown	no	False
887	1	1	female	19.0	0	0	30.0000	S	First	woman	False	B	Southampton	yes	True
888	0	3	female	NaN	1	2	23.4500	S	Third	woman	False	NaN	Southampton	no	False

314 rows × 15 columns

也可以利用 **query** 函數取得符合條件的資料（**程式 4.28**）。

使用 **query** 函數可把程式寫成比**程式 4.27** 還簡潔的內容。

程式 4.28 取得符合條件的欄位

In

```
titanic_female = titanic.query("sex == 'female'")
titanic_female
```

Out

	survived	pclass	sex	age	sibsp	parch	fare	embarked	class	who	adult_male	deck	embark_town	alive	alone
1	1	1	female	38.0	1	0	71.2833	C	First	woman	False	C	Cherbourg	yes	False
2	1	3	female	26.0	0	0	7.9250	S	Third	woman	False	NaN	Southampton	yes	True
3	1	1	female	35.0	1	0	53.1000	S	First	woman	False	C	Southampton	yes	False
8	1	3	female	27.0	0	2	11.1333	S	Third	woman	False	NaN	Southampton	yes	False
9	1	2	female	14.0	1	0	30.0708	C	Second	child	False	NaN	Cherbourg	yes	False
...	...	...	...	...	...	...	...	...	...	...	...	...	...	...	...
880	1	2	female	25.0	0	1	26.0000	S	Second	woman	False	NaN	Southampton	yes	False
882	0	3	female	22.0	0	0	10.5167	S	Third	woman	False	NaN	Southampton	no	True
885	0	3	female	39.0	0	5	29.1250	Q	Third	woman	False	NaN	Queenstown	no	False
887	1	1	female	19.0	0	0	30.0000	S	First	woman	False	B	Southampton	yes	True
888	0	3	female	NaN	1	2	23.4500	S	Third	woman	False	NaN	Southampton	no	False

314 rows × 15 columns

排序資料

要依照降冪或升冪的順序排序資料時，可使用 **sort** 函數。

在此要以升冪的順序替 **fare** 欄位重新排序（**程式 4.29**）。

程式 4.29 排序資料的範例

In

```
titanic_female_sort = titanic_female.sort_values("fare")
titanic_female_sort
```

Out

	survived	pclass	sex	age	sibsp	parch	fare	embarked	class	who	adult_male	deck	embark_town	alive	alone
654	0	3	female	18.0	0	0	6.7500	Q	Third	woman	False	NaN	Queenstown	no	True
875	1	3	female	15.0	0	0	7.2250	C	Third	child	False	NaN	Cherbourg	yes	True
19	1	3	female	NaN	0	0	7.2250	C	Third	woman	False	NaN	Cherbourg	yes	True
780	1	3	female	13.0	0	0	7.2292	C	Third	child	False	NaN	Cherbourg	yes	True
367	1	3	female	NaN	0	0	7.2292	C	Third	woman	False	NaN	Cherbourg	yes	True
...	...	...	...	...	...	...	...	...	...	...	...	...	...	...	...
742	1	1	female	21.0	2	2	262.3750	C	First	woman	False	B	Cherbourg	yes	False
311	1	1	female	18.0	2	2	262.3750	C	First	woman	False	B	Cherbourg	yes	False
88	1	1	female	23.0	3	2	263.0000	S	First	woman	False	C	Southampton	yes	False
341	1	1	female	24.0	3	2	263.0000	S	First	woman	False	C	Southampton	yes	False
258	1	1	female	35.0	0	0	512.3292	C	First	woman	False	NaN	Cherbourg	yes	True

314 rows × 15 columns

sort 函數的預設值為昇冪，但圖表通常會以降冪的順序呈現資料（例如圓形圖）。

若想以降冪的順序排序資料，可將參數 **ascending** 指定為 **False**（**程式 4.30**）。

程式 4.30　降冪排序的範例

In
```
titanic_female_sort = titanic_female.sort_values("fare", ascending=False)
titanic_female_sort
```

Out

	survived	pclass	sex	age	sibsp	parch	fare	embarked	class	who	adult_male	deck	embark_town	alive	alone
258	1	1	female	35.0	0	0	512.3292	C	First	woman	False	NaN	Cherbourg	yes	True
341	1	1	female	24.0	3	2	263.0000	S	First	woman	False	C	Southampton	yes	False
88	1	1	female	23.0	3	2	263.0000	S	First	woman	False	C	Southampton	yes	False
742	1	1	female	21.0	2	2	262.3750	C	First	woman	False	B	Cherbourg	yes	False
311	1	1	female	18.0	2	2	262.3750	C	First	woman	False	B	Cherbourg	yes	False
...	...	...	...	...	...	...	...	...	...	...	...	...	...	...	...
367	1	3	female	NaN	0	0	7.2292	C	Third	woman	False	NaN	Cherbourg	yes	True
780	1	3	female	13.0	0	0	7.2292	C	Third	child	False	NaN	Cherbourg	yes	True
19	1	3	female	NaN	0	0	7.2250	C	Third	woman	False	NaN	Cherbourg	yes	True
875	1	3	female	15.0	0	0	7.2250	C	Third	child	False	NaN	Cherbourg	yes	True
654	0	3	female	18.0	0	0	6.7500	Q	Third	woman	False	NaN	Queenstown	no	True

314 rows × 15 columns

變更欄位名稱

要變更欄位名稱可使用 **rename** 函數。可指定變更前後的欄位名稱（**程式 4.31**）。

程式 4.31　變更欄位名稱的範例

In
```
# 將 age 這個欄位變更為年齡
titanic_rename = titanic_female_sort.rename(columns={"age": "年齡"})
titanic_rename
```

Out

	survived	pclass	sex	年齡	sibsp	parch	fare	embarked	class	who	adult_male	deck	embark_town	alive	alone
258	1	1	female	35.0	0	0	512.3292	C	First	woman	False	NaN	Cherbourg	yes	True
341	1	1	female	24.0	3	2	263.0000	S	First	woman	False	C	Southampton	yes	False
88	1	1	female	23.0	3	2	263.0000	S	First	woman	False	C	Southampton	yes	False
742	1	1	female	21.0	2	2	262.3750	C	First	woman	False	B	Cherbourg	yes	False
311	1	1	female	18.0	2	2	262.3750	C	First	woman	False	B	Cherbourg	yes	False
...	...	...	...	...	...	...	...	...	...	...	...	...	...	...	...
367	1	3	female	NaN	0	0	7.2292	C	Third	woman	False	NaN	Cherbourg	yes	True
780	1	3	female	13.0	0	0	7.2292	C	Third	child	False	NaN	Cherbourg	yes	True
19	1	3	female	NaN	0	0	7.2250	C	Third	woman	False	NaN	Cherbourg	yes	True
875	1	3	female	15.0	0	0	7.2250	C	Third	child	False	NaN	Cherbourg	yes	True
654	0	3	female	18.0	0	0	6.7500	Q	Third	woman	False	NaN	Queenstown	no	True

314 rows × 15 columns

進行重複的處理

要進行重複處理時，**for** 陳述式是非常方便的工具。

在此要計算從 0 至 4 這個數字分別乘以 2 的結果（**程式 4.32**）。

程式 4.32 讓處理以指定的次數執行

In

```
for i in range(5):
    print(i * 2)
```

Out

```
0
2
4
6
8
```

對列表進行重複處理

資料視覺化很常參考列表的值再計算。下列是顯示列表元素的範例（**程式 4.33**）。

程式 4.33 對列表進行重複處理的範例

In

```
# 建立列表
sample_list = [10, 20, 30, 40, 50]

for i in sample_list:
    print(i)
```

Out

```
10
20
30
40
50
```

Chapter 5

利用各種圖表視覺化資料

本章要介紹利用圖表視覺化資料的基本手法。

01 用於製作圖表的函式庫

介紹本章使用的函式庫。

於第 5 章製作的各種圖表主要是以 matplotlib、seaborn、plotly 這些函式庫繪製。

本章要先載入**程式 5.1** 使用的函式庫。

程式 5.1 載入函式庫

In

```
%matplotlib inline
import numpy as np
import pandas as pd
import matplotlib.pyplot as plt
import seaborn as sns

import plotly.offline
import plotly.express as px
import plotly.graph_objects as go
import plotly.subplots
import squarify
```

02 直方圖

介紹常用於觀察資料分佈狀況的直方圖。

何謂直方圖

要了解資料的輪廓，首先要確認資料的分佈狀況，而要以視覺效果呈現量化變數的分佈狀況與了解次數分佈狀況，通常會使用直方圖。

在此要利用 seaborn 的 **tips** 範例資料確認小費的分佈狀況（**程式 5.2**）。

程式 5.2 seaborn 的 tips 範例資料

In

```
tips = sns.load_dataset("tips")
tips
```

Out

	total_bill	tip	sex	smoker	day	time	size
0	16.99	1.01	Female	No	Sun	Dinner	2
1	10.34	1.66	Male	No	Sun	Dinner	3
2	21.01	3.50	Male	No	Sun	Dinner	3
3	23.68	3.31	Male	No	Sun	Dinner	2
4	24.59	3.61	Female	No	Sun	Dinner	4
...	...	...	...	...	...	...	...
239	29.03	5.92	Male	No	Sat	Dinner	3
240	27.18	2.00	Female	Yes	Sat	Dinner	2
241	22.67	2.00	Male	Yes	Sat	Dinner	2
242	17.82	1.75	Male	No	Sat	Dinner	2
243	18.78	3.00	Female	No	Thur	Dinner	2

244 rows × 7 columns

MEMO tips 範例資料

tips 範例資料是餐廳店員的小費金額資料集。其中包含的資料有小費的金額、總額，以及是在星期幾、什麼時段拿到小費，也包含給小費的顧客是否抽菸與顧客的性別。

繪製直方圖（基本）

要利用 seaborn 繪製直方圖可使用 **distplot** 函數。

kde 是決定是否繪製核密度函數的參數，預設值為 **True**。本範例不需繪製核密度函數，所以將 **kde** 設定為 **False**（**程式 5.3**）。

程式 5.3 直方圖基本繪製範例①

In
```
sns.distplot(tips["total_bill"], kde=False)
```

Out
```
<matplotlib.axes._subplots.AxesSubplot at 0x2b7136327f0>
```

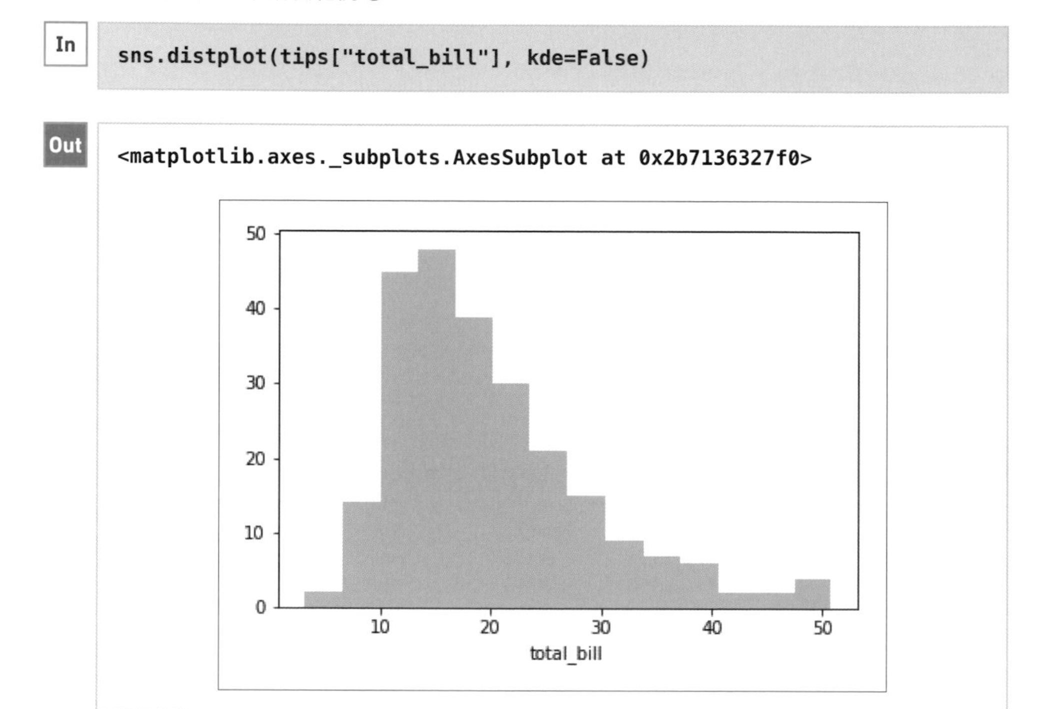

變更 **distplot** 函數的參數，可調整直方圖的外觀。例如增加 **bins** 參數的數量，可讓直方圖以更細膩的單位區分。（**程式 5.4**）

程式 5.4 直方圖基本繪製範例②

In
```
sns.distplot(tips["total_bill"], kde=False, bins=15)
```

Out

```
<matplotlib.axes._subplots.AxesSubplot at 0x2b715719080>
```

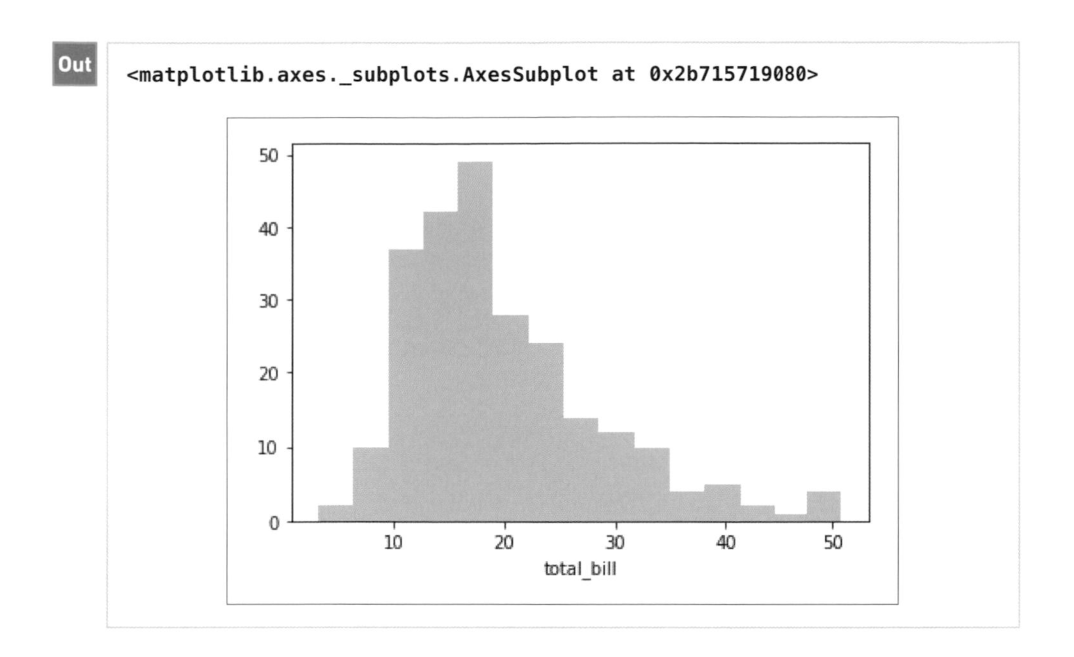

若將參數 **vertical** 設定為 **True**，直方圖的方向就會轉九十度，從直方圖變成橫條圖（**程式 5.5**）。

程式 5.5 直方圖基本繪製範例③

In

```
sns.distplot(tips["total_bill"], vertical=True, kde=False)
```

Out

```
<matplotlib.axes._subplots.AxesSubplot at 0x2b7157ac518>
```

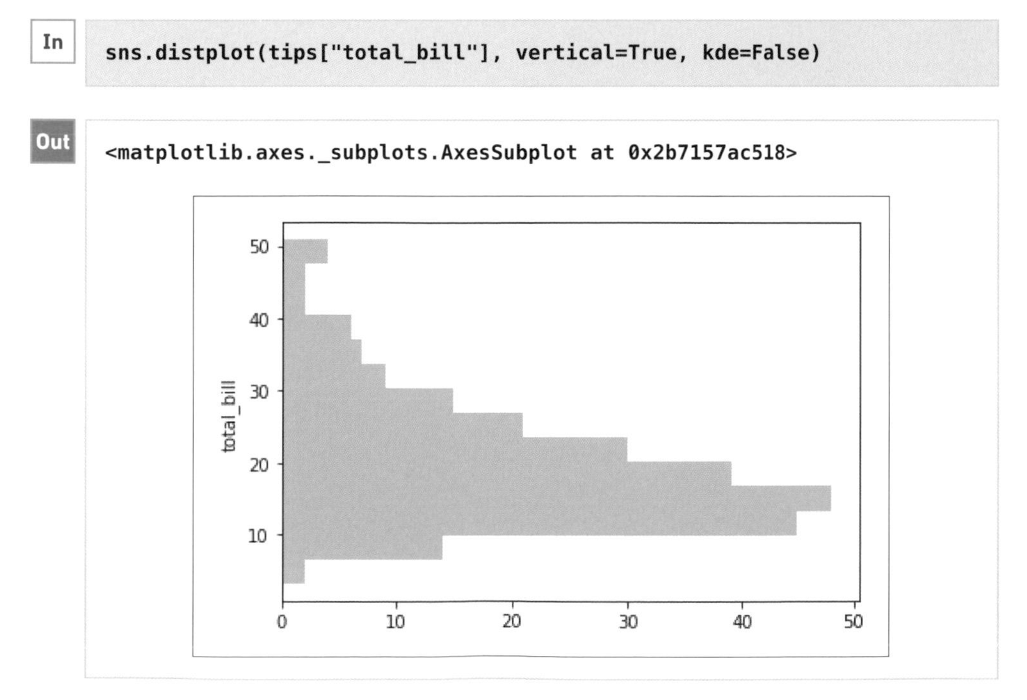

繪製兩個直方圖

也可以利用兩個資料集繪製不同的直方圖，再將兩個直方圖疊在一起，比較兩種資料的分佈狀況。

調整直方圖的顏色比較容易觀察兩張直方圖重疊的部分。

顏色可利用參數 **color** 調整，常見的顏色都有簡稱，例如紅色除了可利用 **red** 指定，也能以簡寫的 **r** 指定，寫成 **color="r"** 一樣可以指定為紅色（**程式 5.6**）。

程式 5.6 直方圖進階繪製範例

In

```
lunch_tips = tips[tips["time"] == "Lunch"]
dinner_tips = tips[tips["time"] == "Dinner"]

sns.distplot(lunch_tips["total_bill"], kde=False, bins=20, color="r")
sns.distplot(dinner_tips["total_bill"], kde=False, bins=20)
```

Out

```
<matplotlib.axes._subplots.AxesSubplot at 0x2b71582f8d0>
```

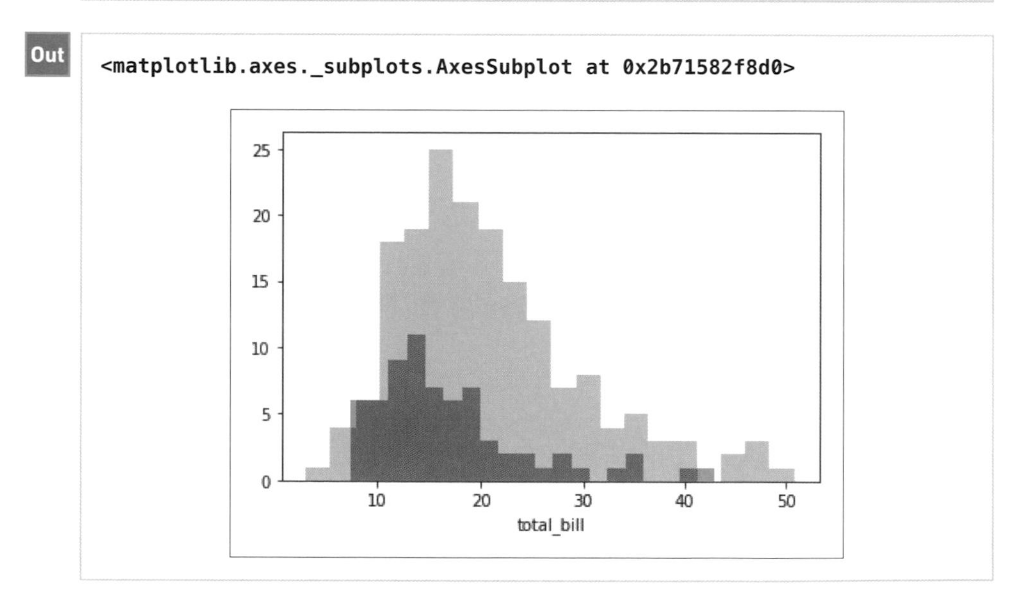

Count Plot

剛剛利用 **distplot** 函數確認了量化變數的分佈狀況，但質化變數的話，可利用 **countplot** 函數視覺化次數分佈狀況（**程式 5.7**）。

程式 5.7　CountPlot 繪製範例①

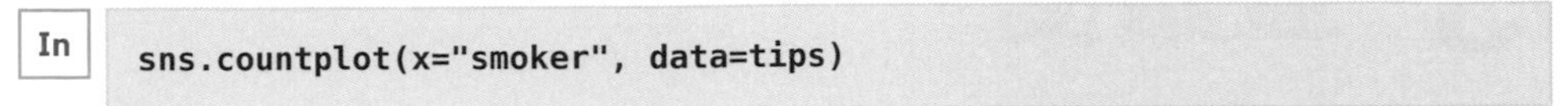

```
In
sns.countplot(x="smoker", data=tips)
```

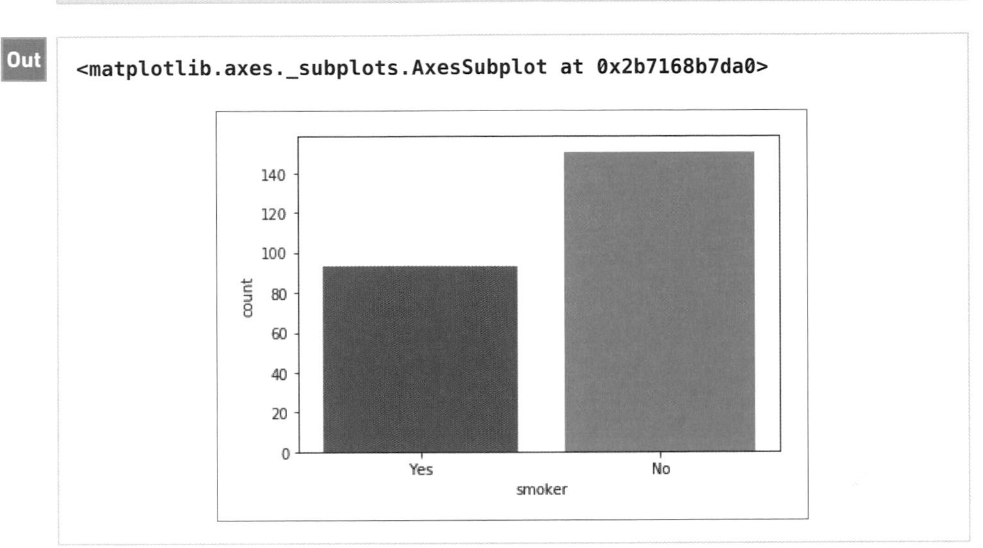

在 **countplot** 函數的參數 **hue** 指定欄位名稱，就能替各欄位的值套用不同的顏色（**程式 5.8**）。

程式 5.8　CountPlot 繪製範例②

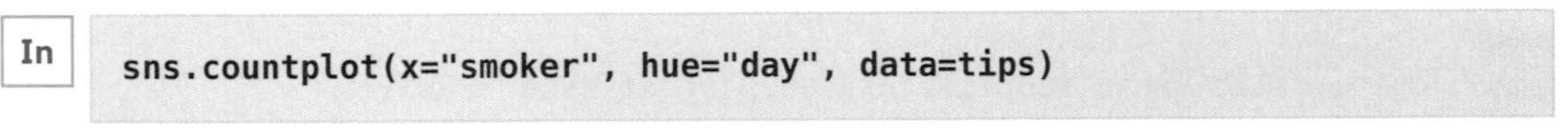

```
In
sns.countplot(x="smoker", hue="day", data=tips)
```

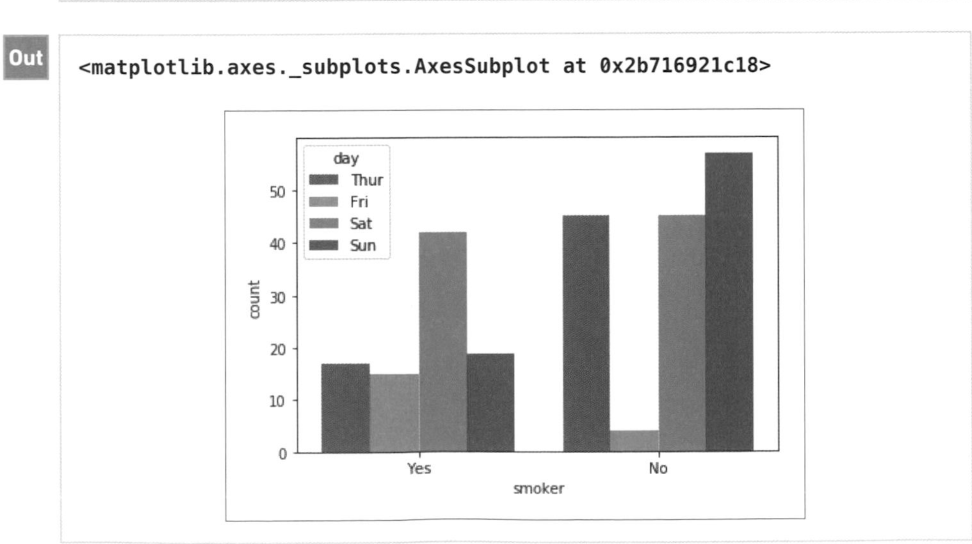

03 盒鬚圖

介紹用來呈現基本統計量分佈狀況的盒鬚圖。

何謂盒鬚圖

盒鬚圖就是股票常用的示意圖，可用來呈現基本統計量的分佈狀況。

直方圖雖能確認資料的分佈狀況，但盒鬚圖可確認 25%、50%、75% 這些位置的資料。

繪製盒鬚圖

要確認一個欄位的資料分佈狀況時，可使用 **boxplot** 函數，至於參數 **y** 的分佈，可指定為要確認分佈狀況的欄位（**程式 5.9**）。

程式 5.9 盒鬚圖繪製範例①

In
```
sns.boxplot(y="total_bill", data=tips)
```

Out
```
<matplotlib.axes._subplots.AxesSubplot at 0x2b7169a7f28>
```

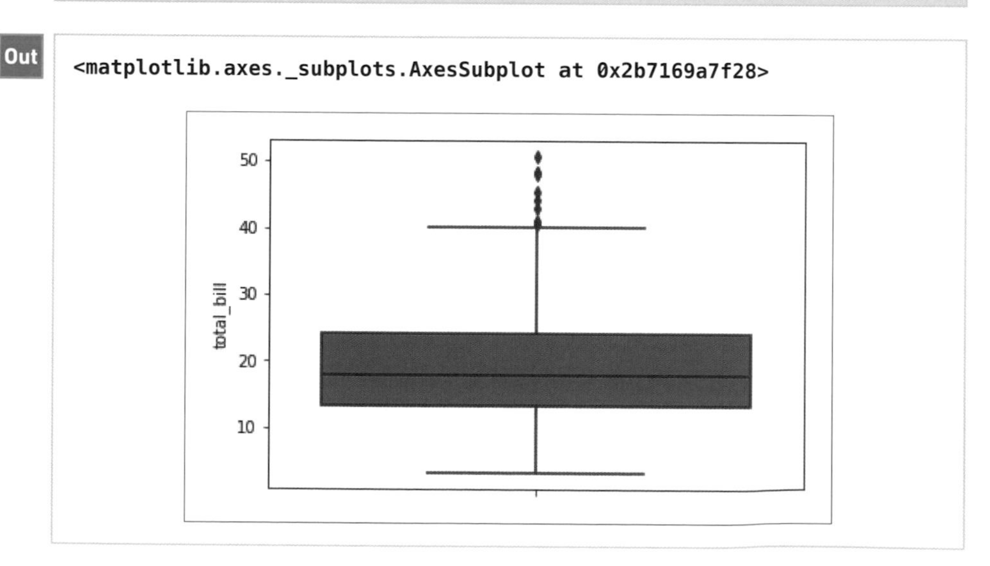

以盒鬚圖比較兩組資料

若想比較專欄的值，可將參數 **x** 指定為具有評估屬性的欄位（**程式 5.10**）。

程式 5.10 盒鬚圖繪製範例②

In
```
sns.boxplot(x="time", y="total_bill", data=tips)
```

Out
```
<matplotlib.axes._subplots.AxesSubplot at 0x2b716a06f98>
```

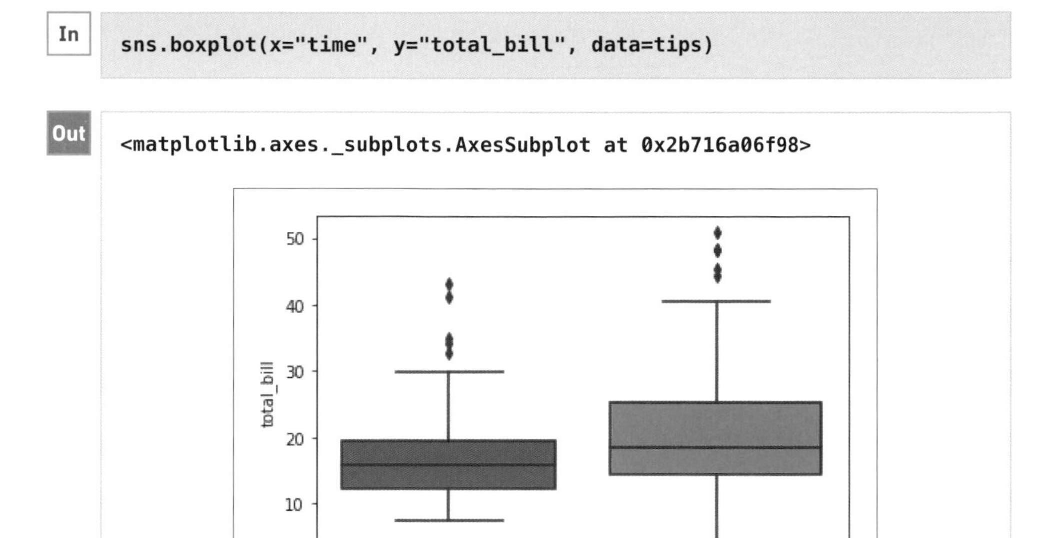

調整顯示順序

若要調整顯示順序，可依照需要的順序在參數 **order** 指定屬性（**程式 5.11**）。

程式 5.11 盒鬚圖繪製範例③

In
```
sns.boxplot(x="time", y="tip", order=["Dinner", "Lunch"], data=tips)
```

Out

```
<matplotlib.axes._subplots.AxesSubplot at 0x2b716a71978>
```

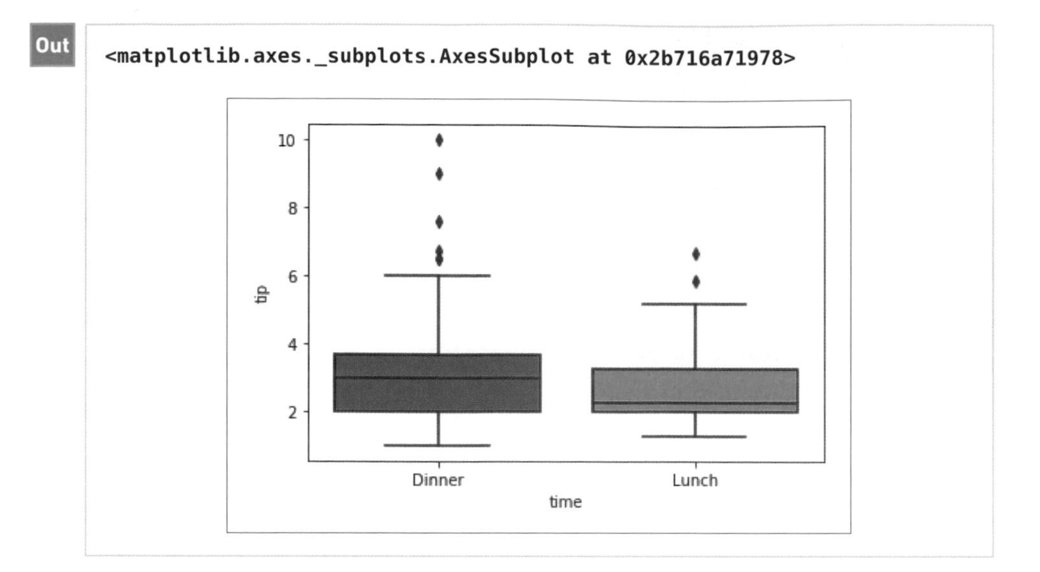

利用屬性進行更細膩的分析

如果想進一步觀察欄位的值，可在參數 **hue** 指定質化變數，利用顏色標註資料（**程式 5.12**）。

程式 5.12 盒鬚圖繪製範例④

In

```
sns.boxplot(x="day", y="total_bill", hue="smoker", data=tips)
```

Out

```
<matplotlib.axes._subplots.AxesSubplot at 0x2b716ae4b00>
```

04 散佈圖

介紹常用於確認兩種資料相關性的散佈圖。

何謂散佈圖

散佈圖常用於釐清兩個變數之間的相關性（**程式 5.13**）。

散佈圖可利用 **sns.scatterplot** 函數繪製，參數 **x** 可指定橫軸的欄位名稱，參數 **y** 可指定直軸的欄位名稱。

程式 5.13 散佈圖的繪製範例①

In
```
sns.scatterplot(x="total_bill", y="tip", data=tips)
```

Out
```
<matplotlib.axes._subplots.AxesSubplot at 0x2b716bbf2e8>
```

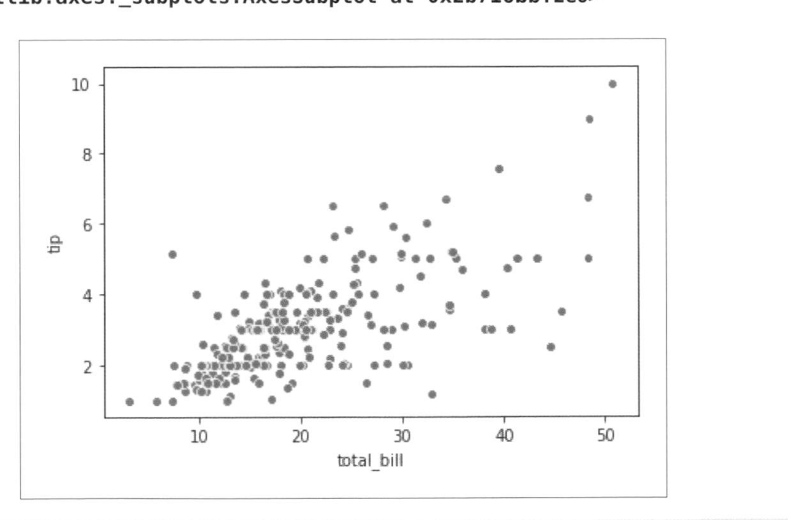

調整顏色

繪製散佈圖之際，除了確認兩個變數之間的相關性，還想呈現一些質化變數的特徵時，可在參數 **hue** 指定欄位名稱，藉此調整每種欄位值的顏色（**程式 5.14**）。

程式 5.14 散佈圖的繪製範例②

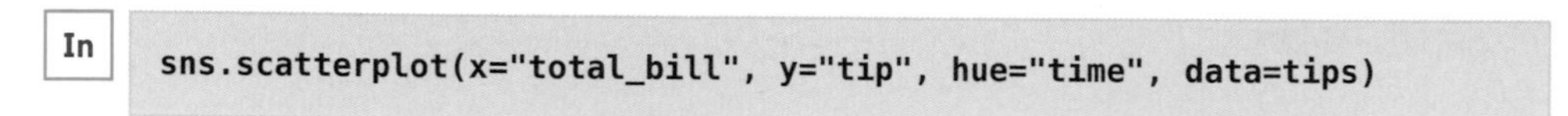

```
In
sns.scatterplot(x="total_bill", y="tip", hue="time", data=tips)
```

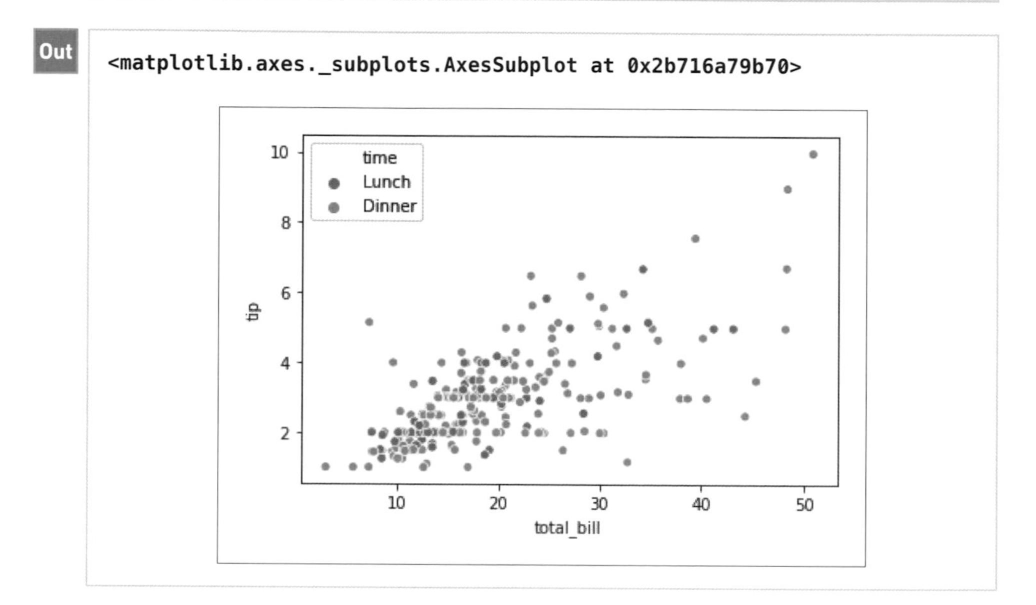

調整形狀

除了利用顏色突顯屬性的不同，也可利用形狀達成相同的目的。在參數 **style** 指定要調整資料點形狀的變數，即可調整散佈圖裡的資料點的形狀（**程式 5.15**）。

程式 5.15 散佈圖的繪製範例③

```
In
sns.scatterplot(x="total_bill", y="tip", style="time", data=tips)
```

Out

```
<matplotlib.axes._subplots.AxesSubplot at 0x2b716d337f0>
```

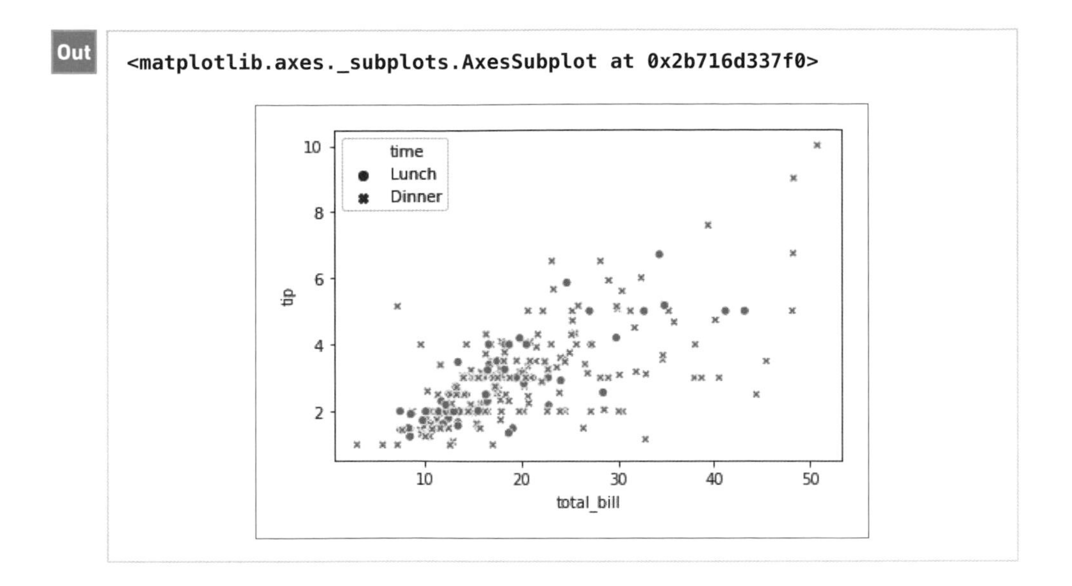

重疊較多時的調整

如果很多資料點疊在一起，可試著讓點變得透明，以便讓下層的點能浮現。要讓顏色變得透明可在參數 **alpha** 指定 **0** 到 **1** 的數值（**程式 5.16**）。

程式 5.16 散佈圖的繪製範例④

In

```
sns.scatterplot(x="total_bill", y="tip", hue="time", alpha=0.5, data=tips)
```

Out

```
<matplotlib.axes._subplots.AxesSubplot at 0x2b716c576a0>
```

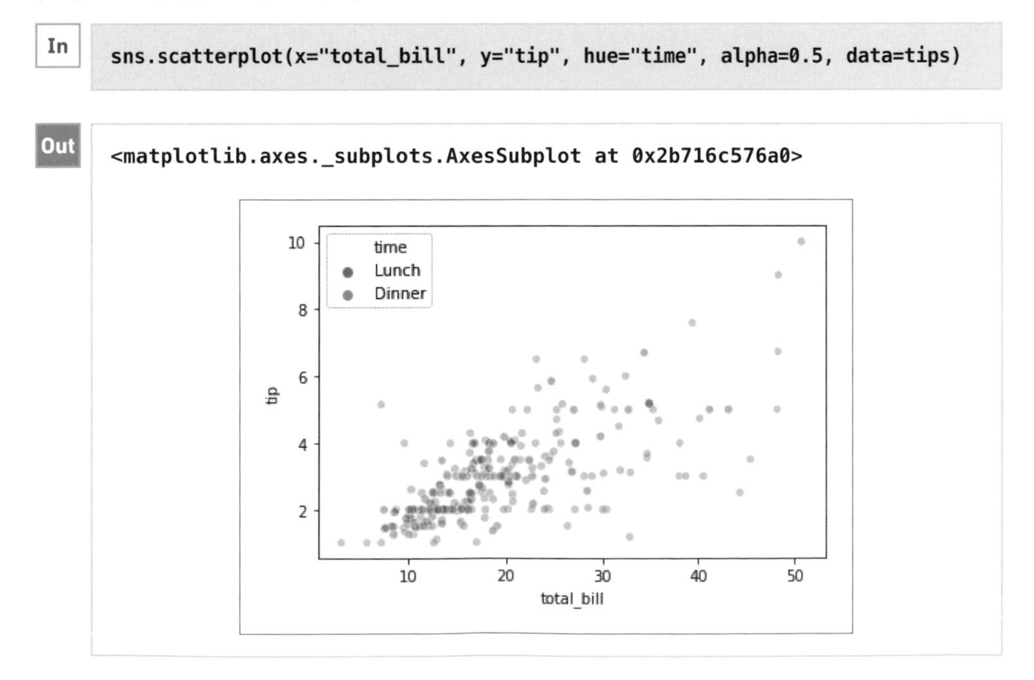

05 泡泡圖

想在散佈圖增加一個量化變數的數據時，可使用泡泡圖。

何謂泡泡圖

泡泡圖與散佈圖非常類似，假設欄位有質化變數的值，會在繪製散佈圖時，調整資料點的顏色或形狀，突顯輸入值的差異。

但如果欄位有量化變數的值，又想呈現該欄位的數據時，則比較適合繪製成泡泡圖。

泡泡圖可依照值的大小調整點的大小，換言之，圓形越大，代表該欄位的值越大。

泡泡圖可利用 **scatterplot** 函數的參數 **size** 指定量化變數繪製（**程式 5.17**）。

程式 5.17 泡泡圖繪製範例①

In

```
ax = sns.scatterplot(x="total_bill", y="tip", hue="time", size="size",
                     data=tips, sizes=(10, 200))
ax.legend(loc="upper left", bbox_to_anchor=(1, 1))
```

Out

```
atplotlib.legend.Legend at 0x2d6a189bb38>
```

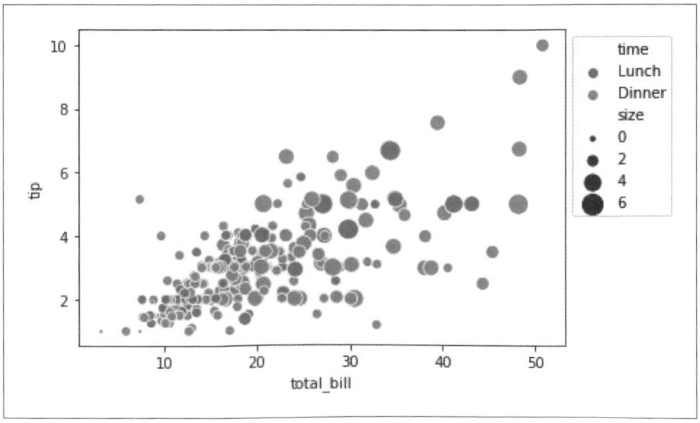

利用 plotly 繪製泡泡圖

plotly 也可以用來繪製泡泡圖。

要利用 plotly 繪製泡泡圖時，可在 **px.scatter** 函數的參數 **size** 指定量化變數（**程式 5.18**）。

程式 5.18 泡泡圖繪製範例②

In

```
fig = px.scatter(tips, x="total_bill", y="tip", size="size",
                 color="time", size_max=50)
fig.show()
```

Out

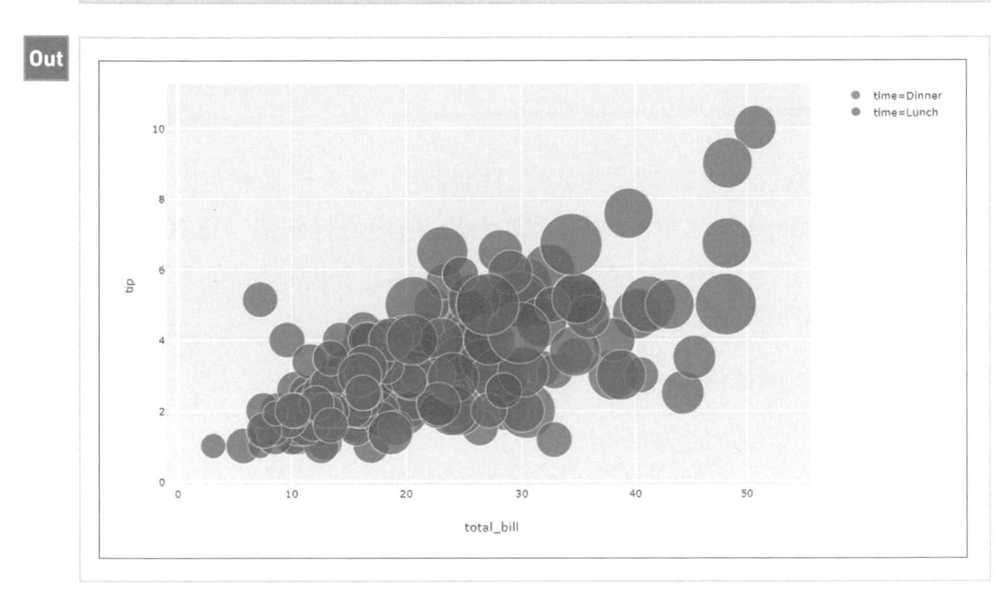

06 散佈圖矩陣

介紹以矩陣呈現的散佈圖，也就是所謂的散佈圖矩陣。

何謂散佈圖矩陣

散佈圖矩陣是以矩陣的方式，排列兩個變數繪製的散佈圖。這種散佈圖矩陣可一次確認多個變數的相關性，是資料分析師很常用來掌握資料輪廓的視覺化手法。

繪製散佈圖矩陣

散佈圖矩陣很適合用來確認變數之間的相關性，而且程式碼也很簡單，只需要執行 **sns.pairplot** 函數，並在參數 **data** 指定資料框架（**程式 5.19**）。

程式 5.19 散佈圖矩陣繪製範例①

In

```
sns.pairplot(data=tips)
```

Out

```
seaborn.axisgrid.PairGrid at 0x1d357dcd978>
```

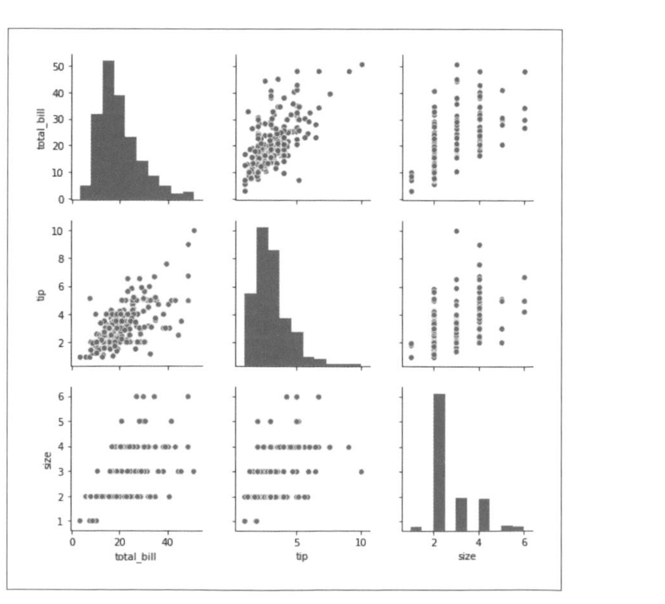

設定散佈圖矩陣

散佈圖矩陣也可在參數 **hue** 指定欄位，藉此調整欄位值的顏色，讓原本簡單的散佈圖多一些變化（**程式 5.20**）。

程式 5.20 散佈圖矩陣繪製範例②

In

```
sns.pairplot(data=tips, hue="time")
```

Out

```
eaborn.axisgrid.PairGrid at 0x1d35ab4c438>
```

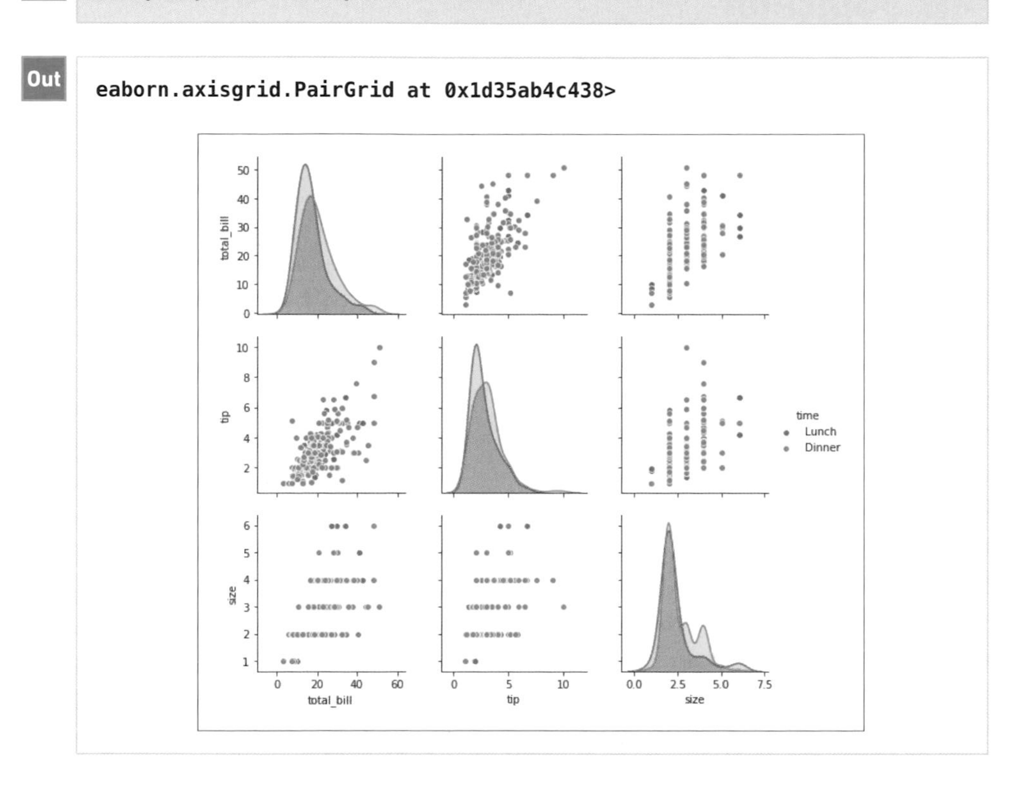

07 JointPlot

介紹可合併多張圖表的 JointPlot。

何謂 JointPlot

seaborn 內建了將兩個變數的多張表格合併顯示的 **jointplot** 函數。
透過直方圖與散佈圖合併的圖表可了解兩個欄位的資料分佈情況與相關性。
程式 5.21 則是合併了 **tip** 與 **total_bill** 這兩個變數的直方圖與散佈圖。

程式 5.21 jointplot 繪製範例①

In

```
sns.jointplot(x="total_bill", y="tip", data=tips)
```

Out

```
<seaborn.axisgrid.JointGrid at 0x1d35ae4f748>
```

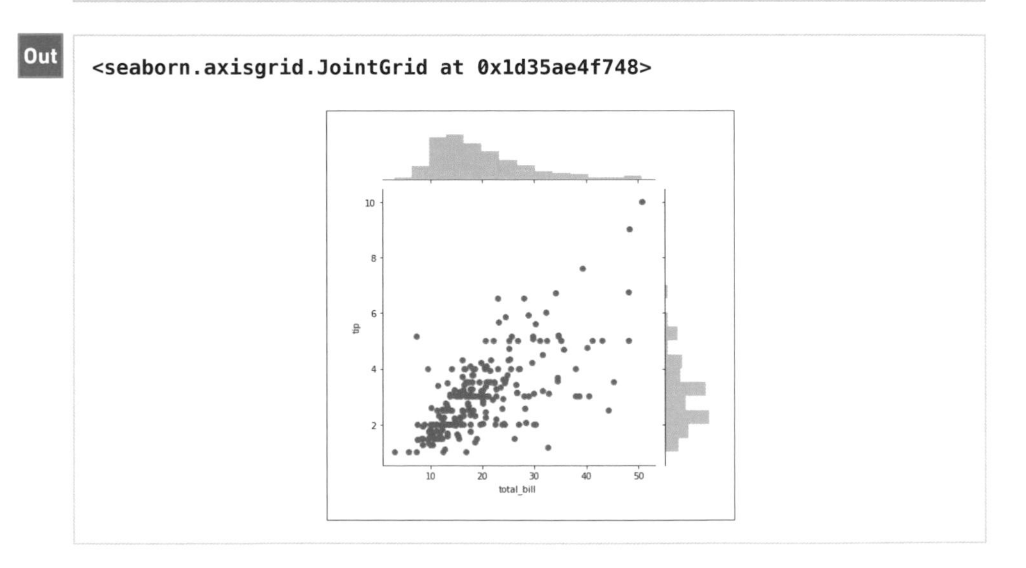

若想變更圖表的顏色，可於參數 **color** 另行指定數值，也可利用 **r** 指定紅色，以 **g** 指定為綠色（**程式 5.22**）

程式 5.22 jointplot 繪製範例②

In

```
sns.jointplot(x="total_bill", y="tip", color="r", data=tips)
```

Out

```
<seaborn.axisgrid.JointGrid at 0x1d35a4ca0f0>
```

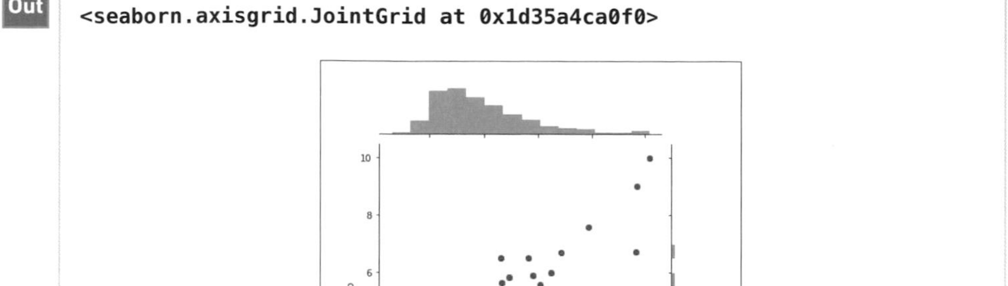

若是資料太多時，散佈圖的資料點很可能重疊在一起，此時可利用 jointplot 的參數 **kind** 指定繪製方式的值，將圖表設定成更容易閱讀的格式。若仿照**程式 5.23** 的方法，將參數 **kind** 指定為 **hex**，就能讓資料點轉換成六角形，而且資料集中處的六角形的顏色會變深，所以能一眼看出資料都集中於何處。

程式 5.23 jointplot 繪製範例③

In

```
sns.jointplot(x="total_bill", y="tip", kind="hex", data=tips)
```

Out

```
<seaborn.axisgrid.JointGrid at 0x1d359e1f0b8>
```

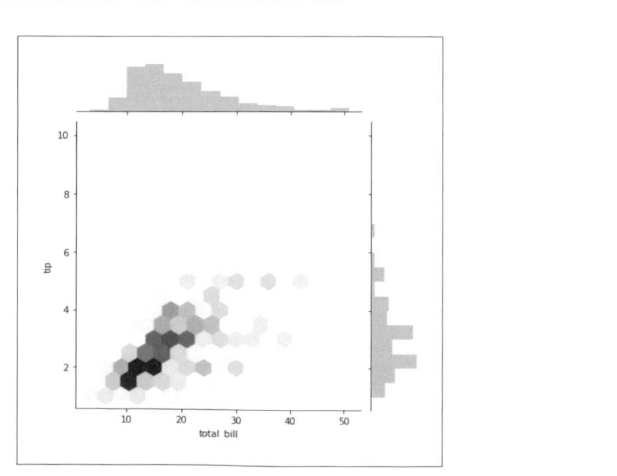

08 繪製質化變數的圖表

說明當兩個變數中，有一個是質化變數時，如何確認這兩個變數的相關性。

假設兩個變數都是量化變數，可直接以散佈圖確認相關性，但如果其中一個是質化變數，可利用 **catplot** 函數確認相關性。

在參數 **x** 指定質化變數，在參數 **y** 指定量化變數（**程式 5.24**）。接著就能以重疊的資料點略少，稍微彼此錯開的狀態顯示資料分佈情況。

程式 5.24 繪製質化變數的圖表的範例

In

```
sns.catplot(x="time", y="total_bill", hue="sex", data=tips)
```

Out

```
<seaborn.axisgrid.FacetGrid at 0x184870c75c0>
```

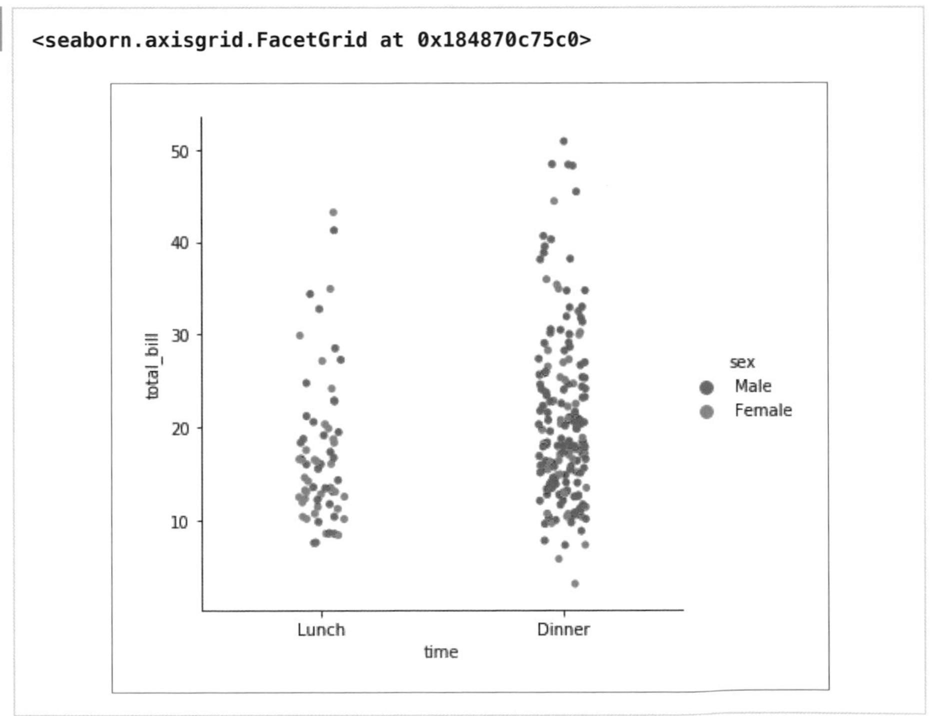

09 繪製平行座標圖

介紹確認多個變數的相關性的平行座標該如何繪製。

何謂平行座標圖

將下限設定為最小值，將上限設定為最大值，再讓資料的線條平行排列的圖表就稱為平行座標圖（**圖 5.1**）。若資料呈正相關，線條的交錯就會比較少，若資料呈負相關，交錯就會比較多。

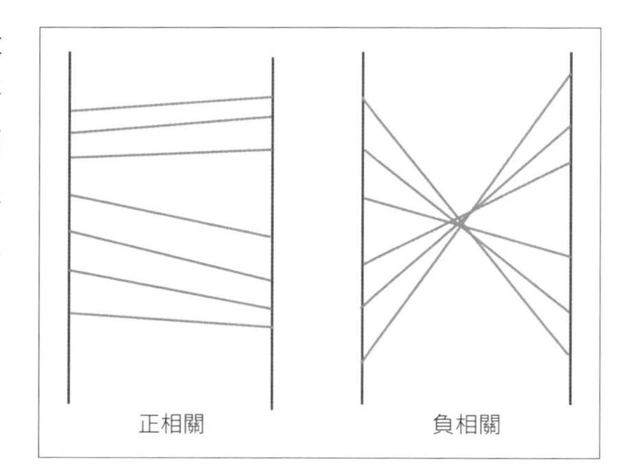

圖 5.1 平行座標圖

資料太多時，通常很難看出相關性，所以平行座標圖通常在資料較少的時候使用。

繪製平行座標圖

要繪製平行座標圖可使用 **px.parallel_coordinates** 函數（**程式 5.25**）。參數 **dimensions** 可指定量化變數或順序尺度的欄位。

程式 5.25 平行座標圖繪製範例

In
```
tips = sns.load_dataset("tips")

fig = px.parallel_coordinates(tips,
   dimensions=["total_bill", "tip", "size"])

fig.show()
```

Out

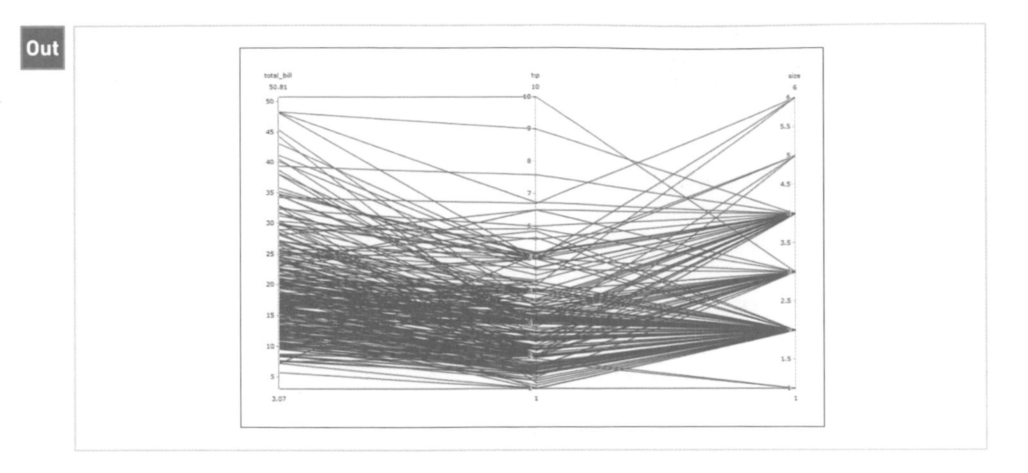

繪製比較質化變數的平行集合圖

平行集合圖是平行座標類的視覺化手法之一，可於資料較多的情況使用，也可在比較質化變數的時候使用。

觀察質化變數的相關性的視覺化手法並不多，前述的平行座標圖算是其中一種，但資料一多，線條的交錯就會太多，圖表也變得不容易閱讀，而平行集合圖可利用條線的寬度呈現資料的比例，所以很適合運用在資料較多的場合，用來說明變數之間的關係（**程式 5.26**）。

程式 5.26 平行集合圖的繪製範例

In

```
tips = sns.load_dataset("tips")
fig = px.parallel_categories(tips)

fig.show()
```

Out

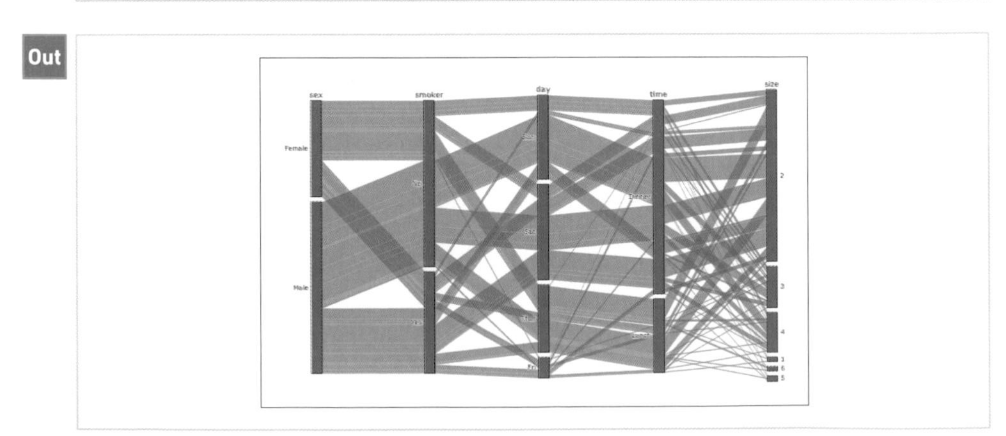

10 長條圖

以長條長度比較資料大小的長條圖。

何謂長條圖

長條圖常用於比較各統計單位的量使用，算是商場常用的圖表之一。讓我們先利用**程式 5.27** 匯入長條圖的資料。

程式 5.27 載入資料

In
```
tips = sns.load_dataset("tips")
```

繪製長條圖

要繪製長條圖可使用 **sns.barplot** 函數。

若希望以長條圖呈現每個性別的 **tip** 金額平均值，可先計算每個性別的 **tip** 金額平均值（**程式 5.28**）。

程式 5.28 計算每個性別的 tip 金額平均值

In
```
# 計算每個性別的小費平均值
tips_mean = tips.groupby("sex", as_index=False).mean()
tips_mean
```

Out

	sex	total_bill	tip	size
0	Male	20.744076	3.089618	2.630573
1	Female	18.056897	2.833448	2.459770

算出每個性別的小費平均值之後，在 **sns.barplot** 函數的參數 **x** 指定橫軸的欄位，再於參數 **y** 指定直軸的欄位（**程式 5.29**）

程式 5.29 長條圖繪製範例①

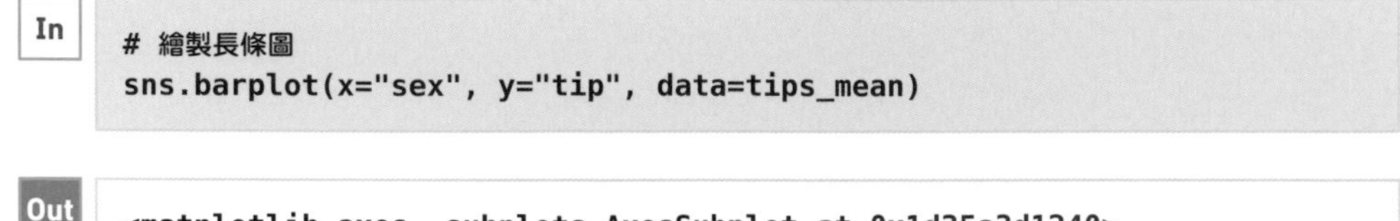

In

```
# 繪製長條圖
sns.barplot(x="sex", y="tip", data=tips_mean)
```

Out

```
<matplotlib.axes._subplots.AxesSubplot at 0x1d35a3d1240>
```

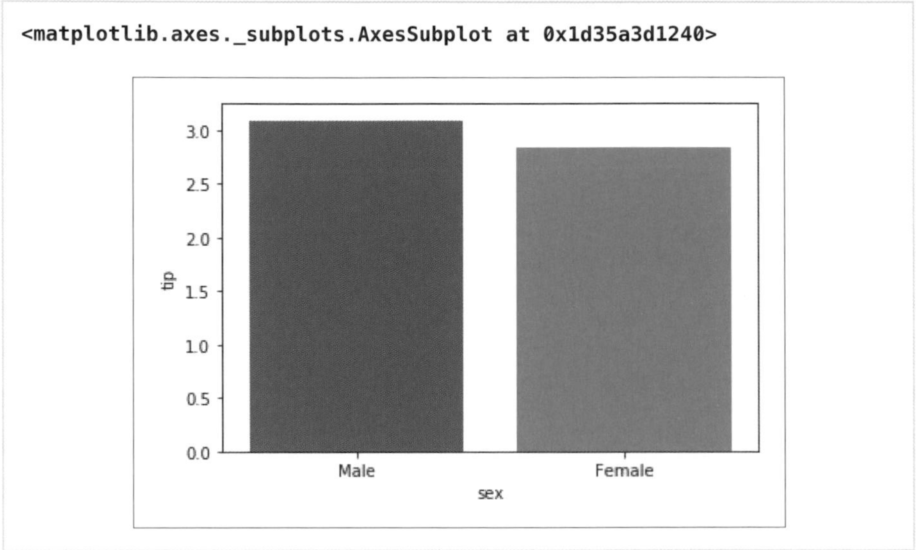

在圖表上方顯示數值標籤

若想在長條上方追加數值標籤，無法只憑指定參數完成，此時必須以「在圖表配置文字」的方法顯示標籤（數值）（**程式 5.30**）。

程式 5.30 長條圖繪製範例②

In

```
# 計算每個性別的小費平均值
tips_mean = tips.groupby("sex", as_index=False).mean()

# 以長條圖呈現
ax = sns.barplot(x="sex", y="tip", data=tips_mean)

# 追加數值（其實是於任何一個位置追加字串）
for index, row in tips_mean.iterrows():
    ax.text(index, row.tip, row.tip, ha="center", va="bottom")
```

Out

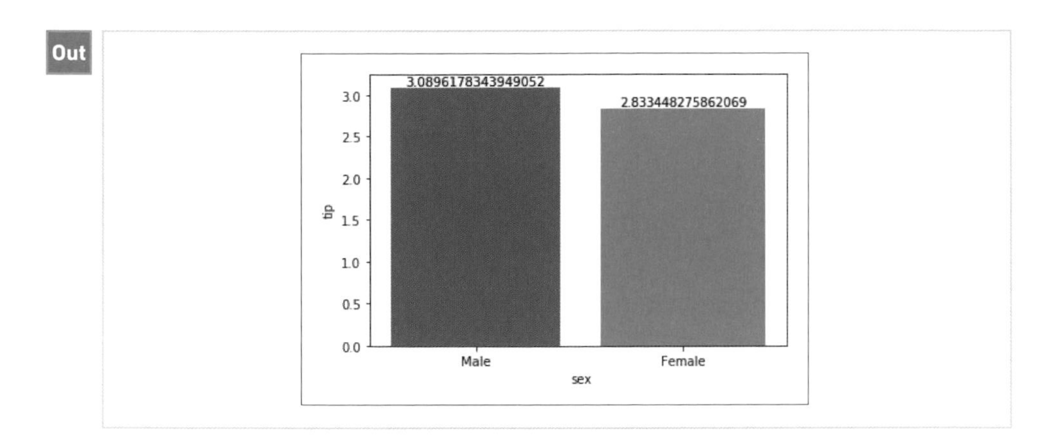

於特定數值畫橫線

若希望突顯超過特定數值的部分，可在特定數值的位置畫線。**axhline** 函數可指定這個特定數值的位置（**程式 5.31**）。

程式 5.31 長條圖繪製範例③

In
```
# 計算每個性別的小費平均值
tips_mean = tips.groupby("sex", as_index=False).mean()

# 以長條圖呈現
ax = sns.barplot(x="sex", y="tip", data=tips_mean)

# 於數值（2.5）的位置畫線
ax.axhline(2.5, color="red")
```

Out
```
<matplotlib.lines.Line2D at 0x1d35d758470>
```

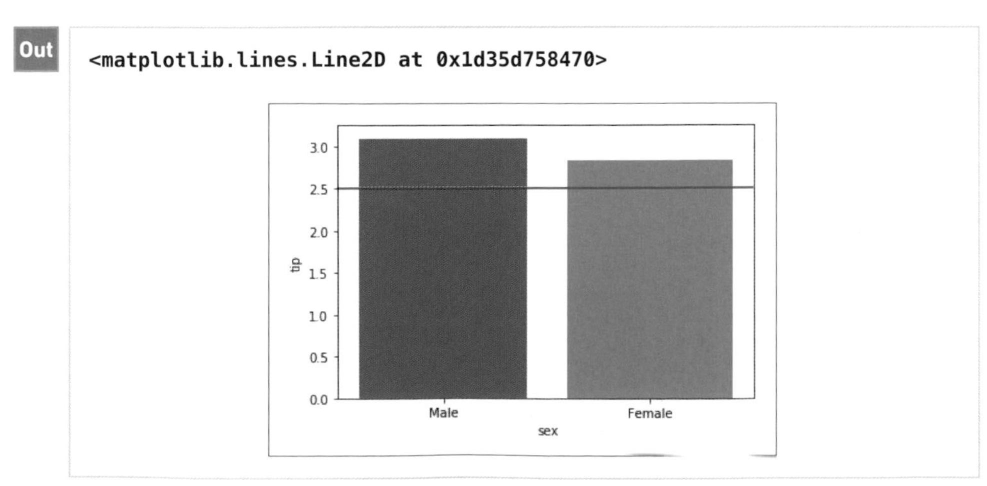

繪製堆疊長條圖

要繪製堆疊長條圖可先針對性別與時段這類要區分的資料計算 **tip** 金額的平均值（**程式 5.32**）。

程式 5.32 性別、時段的平均 tip 金額

In

```
# 計算性別與時段的平均小費金額
tips_cross = pd.crosstab(index=tips["sex"], columns=tips["time"],
                         values=tips["tip"], aggfunc="sum")
tips_cross
```

Out

time sex	Lunch	Dinner
Male	95.11	389.96
Female	90.40	156.11

首先針對第一個元素執行 **sns.barplot** 函數，接著要繪製往上堆疊的長條，也就是將第一個直條的參數 **y** 的值，指定給與往上堆疊的長條對應的 **sns.barplot** 函數的參數 **bottom**（**程式 5.33**）。

程式 5.33 堆疊長條圖繪製範例

In

```
# 繪製堆疊長條圖
f, ax = plt.subplots()
sns.barplot(x=tips_cross.index, y=tips_cross["Lunch"],
            color="orange", label="Lunch")
sns.barplot(x=tips_cross.index, y=tips_cross["Dinner"],
            color="darkblue", label="Dinner",
            bottom=tips_cross["Lunch"])
plt.ylabel("tip")
ax.legend(loc="upper left", bbox_to_anchor=(1, 1))
```

Out

```
<matplotlib.legend.Legend at 0x18486b31630>
```

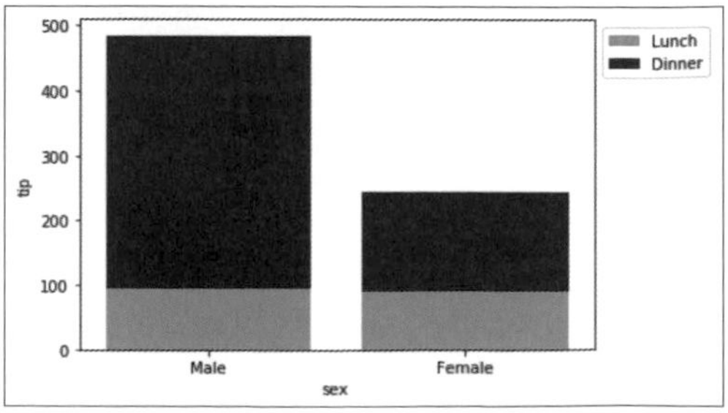

繪製多層堆疊長條圖

重複繪製兩個堆疊長條圖，就能畫出超過三層的堆疊長條圖。

如果層數較多，可利用 **for** 迴圈快速繪製多層的堆疊長條圖（**程式 5.34**）。

程式 5.34 多層的堆疊長條圖繪製範例

In

```
# 針對性別、星期計算小費金額
tips_sum = tips.groupby(["sex", "day"], as_index=False).sum()
f, ax = plt.subplots()

# 繪製多層的堆疊長條圖
idx = 0
palette = sns.color_palette("Set2")
bottom = np.zeros(len(tips_sum.sex.unique()))
for day in tips_sum.day.unique():
    sns.barplot(x="sex", y="tip",
                data=tips_sum[tips_sum.day == day],
                bottom=bottom, color=palette[idx],
                label=day)
    bottom += list(tips_sum[tips_sum.day == day]["tip"])
    idx += 1

ax.legend(loc="upper left", bbox_to_anchor=(1, 1))
```

Out

```
<matplotlib.legend.Legend at 0x1eb5a055630>
```

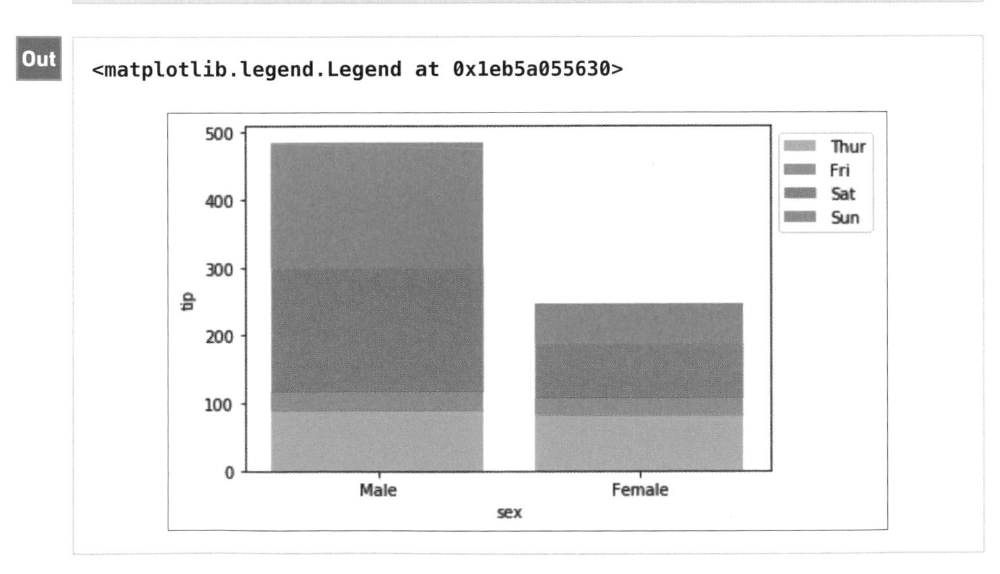

繪製百分比堆疊長條圖

也可以繪製百分比堆疊長條圖。

讓我們一起看看該怎麼繪製。首先要製作的是百分比堆疊長條圖的資料集。

先針對要顯示為比例的欄位進行計算，讓這個欄位的總和轉換成 100%。進行這類計算時，可使用 **crosstab** 函數，並將參數 **normalize** 指定為 **index**（**程式 5.35**）。

程式 5.35 製作百分比堆疊長條圖的資料集

In

```
# 正規化性別、時段的每一列的小費金額
tips_cross_n = pd.crosstab(index=tips["sex"], columns=tips["time"],
                           values=tips["tip"], aggfunc="sum",
                           normalize="index")
tips_cross_n
```

Out

time sex	Lunch	Dinner
Male	0.196075	0.803925
Female	0.366719	0.633281

由於以比例呈現整體資料的資料集已經建立完成，接著就能依照繪製堆疊長條圖的方法，透過 **sns.barplot** 函數繪製百分比堆疊長條圖。只要將第一層的參數 **y** 指定給第二層的參數 **bottom**，就能繪製百分比堆疊長條圖（**程式 5.36**）。

程式 5.36 繪製百分比堆疊長條圖範例

In

```
# 繪製百分比堆疊長條圖
f, ax = plt.subplots()
sns.barplot(x=tips_cross_n.index, y=tips_cross_n["Lunch"],
            color="orange", label="Lunch")
sns.barplot(x=tips_cross_n.index, y=tips_cross_n["Dinner"],
            color="darkblue", bottom=tips_cross_n["Lunch"],
            label="Dinner")
plt.ylabel("percentage of tips")
ax.legend(loc="upper left", bbox_to_anchor=(1, 1))
```

Out

```
<matplotlib.legend.Legend at 0x184859489b0>
```

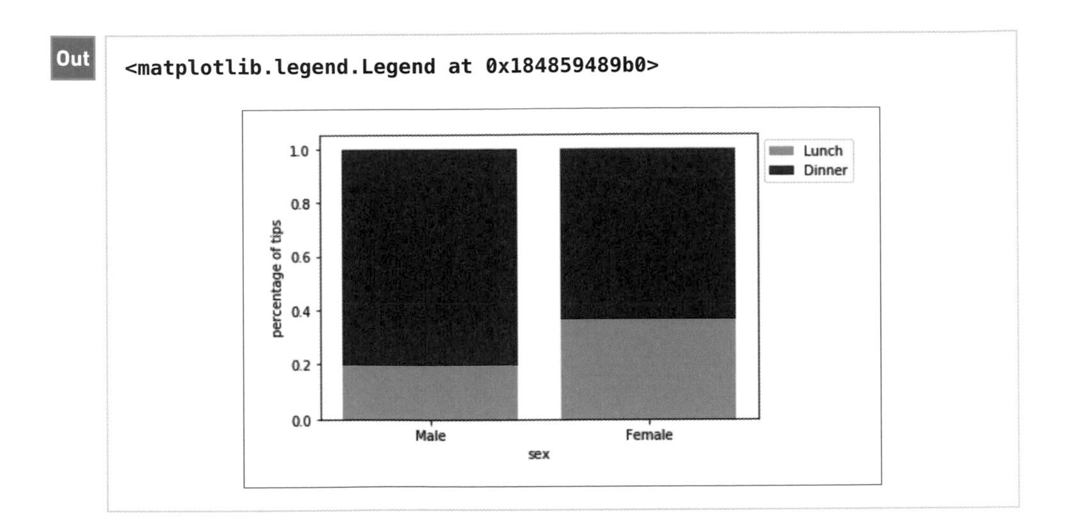

繪製多層的堆疊長條圖（利用 plotly 繪製堆疊長條圖）

如果使用 plotly 可快速繪製多層的堆疊長條圖（**程式 5.37**）。

程式 5.37　繪製多層堆疊長條圖的範例

In

```
# 計算性別與星期的小費金額
tips_sum = tips.groupby(["sex", "day"], as_index=False).sum()

# 繪製多層的堆疊長條圖
px.bar(tips_sum, x="sex", y="tip", color="day", text="tip")
```

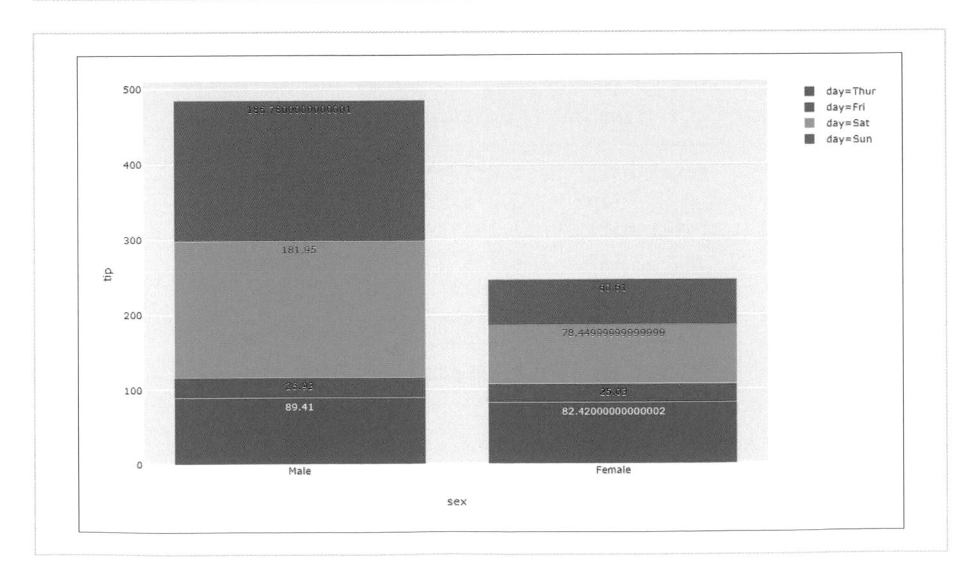

將多個元素排在一起繪製

如果為了更簡單明瞭地比較多種資料的長條圖，而想將資料沿著水平方向排列，可將參數 **hue** 指定為想比較值的欄位，但此時必須先將 **tips** 資料調整成適用於這個方法的格式（**程式 5.38**）。

程式 5.38 將多個元素排在一起再繪製的範例

In

```
# 針對星期一至星期日計算各值的平均值
tips_mean = tips.groupby("day", as_index=False).mean()

# 刪除 size 欄位
tips_mean = tips_mean.drop("size", axis=1)
tips_mean
```

Out

	day	total_bill	tip
0	Thur	17.682742	2.771452
1	Fri	17.151579	2.734737
2	Sat	20.441379	2.993103
3	Sun	21.410000	3.255132

In

```
# 調整資料框架的格式
tips_mean = tips_mean.set_index("day")
tips_mean = tips_mean.stack().rename_axis(["day", "type"]) ➡
.reset_index().rename(columns={0: "dollars" })
tips_mean
```

Out

	day	type	dollars
0	Thur	total_bill	17.682742
1	Thur	tip	2.771452
2	Fri	total_bill	17.151579
3	Fri	tip	2.734737
4	Sat	total_bill	20.441379
5	Sat	tip	2.993103
6	Sun	total_bill	21.410000
7	Sun	tip	3.255132

In

```
sns.barplot(x="day", y="dollars", hue="type", data=tips_mean)
```

Out

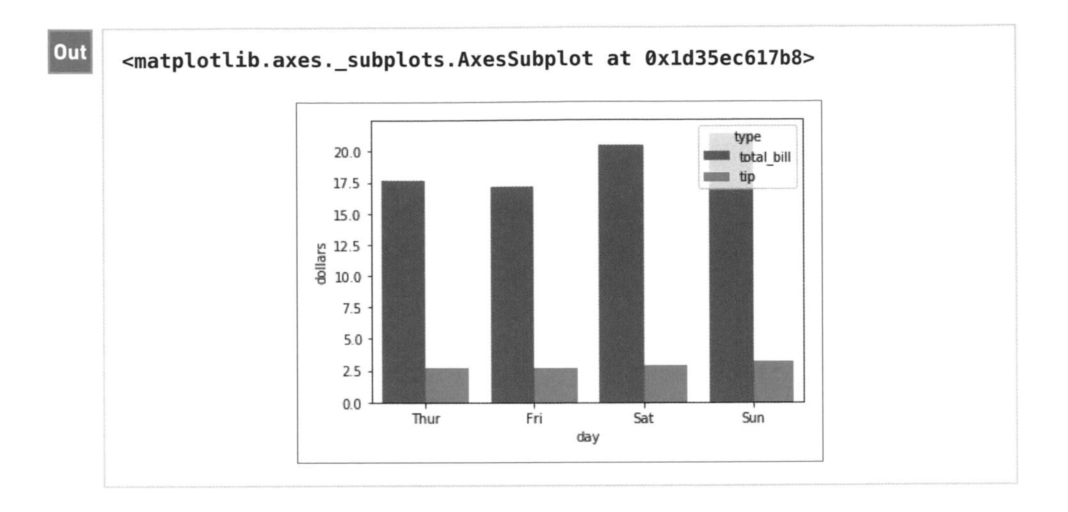

利用 plotly 繪製多個長條圖

利用 plotly 繪製多個長條圖時，可將 **update_layout** 函數的參數 **barmode** 指定為 **group**，如此一來，就能把多個長條圖排在一起（**程式 5.39**）。

程式 5.39 利用 plotly 繪製多個長條圖的範例

In

```
tips_mean = tips.groupby("day", as_index=False).mean()
fig = go.Figure(data=[go.Bar(name="tips",
                             x=tips_mean["day"],
                             y=tips_mean["total_bill"]),
                      go.Bar(name="total_bill",
                             x=tips_mean["day"],
                             y=tips_mean["tip"])])
# 排列長條圖
fig.update_layout(barmode="group")
fig.show()
```

Out

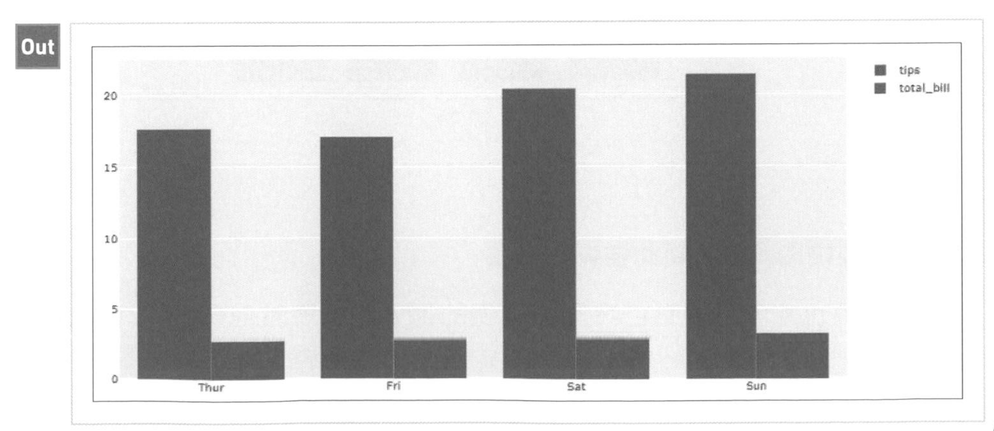

變更一個長條的顏色

若希望突顯長條圖的特定項目，可試著將該項目的長條調整為較深的顏色，或是將其他項目的長條調整為較淡或是沒有飽和度的顏色。

建立調色盤，將特定項目的長條設定為重點色，再將其他的長條調整無彩色，就能突顯特定項目的長條（**程式 5.40**）。

程式 5.40 變更特定長條的顏色

In

```
# 計算星期一至星期日的小費平均金額
tips_mean = tips.groupby("day", as_index=False).mean()

# 設定顏色
default_color = "#555555"  # 標準色
point_color = "#CC0000"  # 重點色
idx = 2 # 要突顯的長條

# 建立調色盤
palette = sns.color_palette([default_color], len(tips_mean))
palette[idx] = sns.color_palette([point_color])[0]

sns.barplot(x="day", y="tip", data=tips_mean, palette=palette)
```

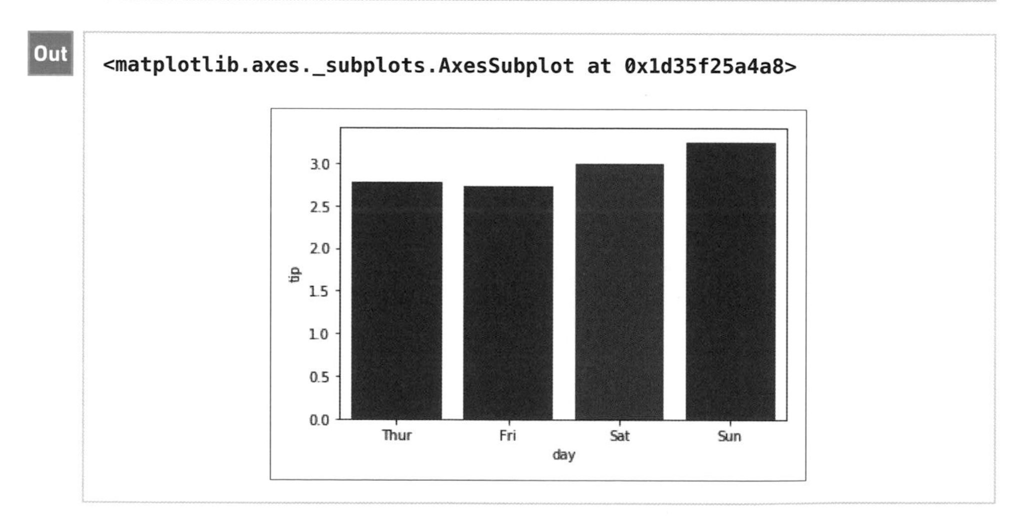

調整特定屬性的顏色，藉此強調該屬性

堆疊長條圖也能利用重點色突顯要強調的部分，並將其他部分指定為無彩色。不過，若把重點色以外的顏色設定為相同的顏色，各項目的間隔就會

消失，所以通常會將內建多種無彩色的調色盤 **binary** 設定為預設的調色盤（**程式 5.41**）。

程式 5.41 只調整特定屬性的顏色，藉此強調該屬性

In

```
# 針對性別、星期別計算小費金額
tips_sum = tips.groupby(["sex", "day"], as_index=False).sum()

# 設定顏色
point_color = "#CC0000"

# 建立調色盤
default_palette = sns.color_palette("binary")

f, ax = plt.subplots()
# 繪製多層的堆疊長條圖
idx = 0
bottom = np.zeros(len(tips_sum.sex.unique()))
for day in tips_sum.day.unique():
    if day == "Fri" :
        # 只強調星期五
        color = point_color
    else:
        color = default_palette[idx]
    idx += 1
    sns.barplot(x="sex", y="tip", data=tips_sum[tips_sum.day == day],
                bottom=bottom, color=color, label=day)
    bottom += list(tips_sum[tips_sum.day == day]["tip"])

ax.legend(loc="upper left", bbox_to_anchor=(1, 1))
```

Out

```
<matplotlib.legend.Legend at 0x18486a4a5f8>
```

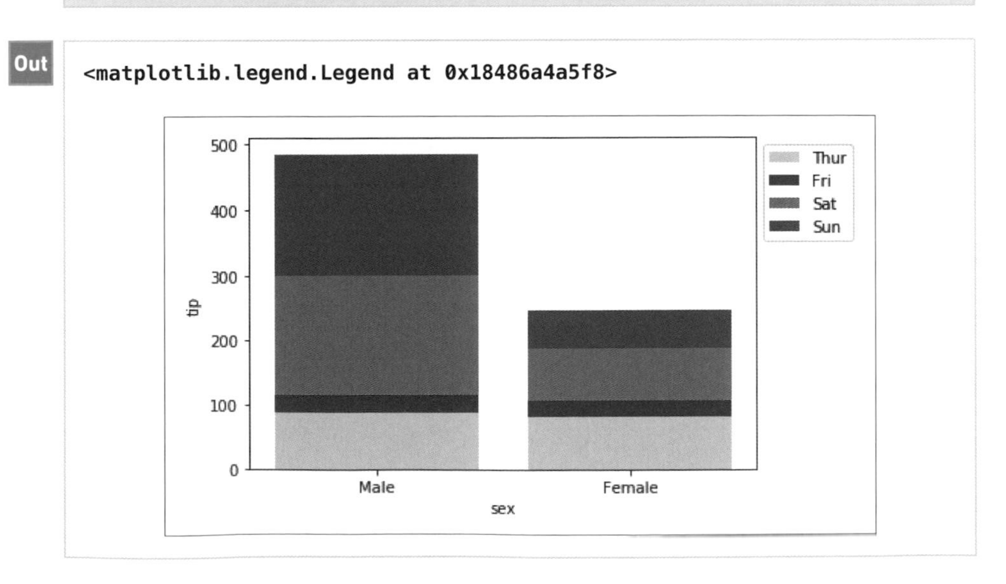

11 橫條圖

介紹以水平方向的長條比較資料大小的橫條圖。

何謂橫條圖

橫條圖與長條圖一樣，都是用於比較資料大小的圖表。

繪製的方法與長條圖一樣，都是使用 **sns.barplot** 函數（**程式 5.42**）。在參數 **x** 指定量化變數，再於參數 **y** 指定質化變數，就能繪製橫條圖。

程式 5.42 橫條圖的繪製範例

In

```
# 計算每個性別的小費平均值
tips_mean = tips.groupby("sex", as_index=False).mean()

# 繪製橫條圖
sns.barplot(x="tip", y="sex", data=tips_mean)
```

Out

```
<matplotlib.axes._subplots.AxesSubplot at 0x1d35f2cc4a8>
```

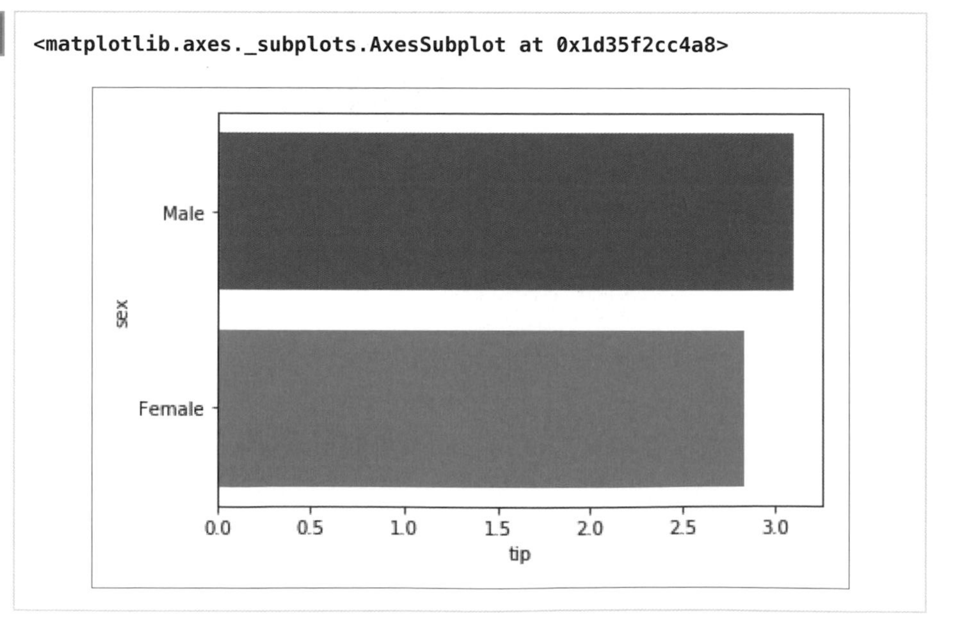

繪製堆疊橫條圖

只要仿照堆疊長條圖的方法指定 **sns.barplot** 函數的參數，一樣能繪製堆疊橫條圖。此外，堆疊長條圖是利用參數 **bottom** 指定第二個長條的位置，而堆疊橫條圖則是利用參數 **left** 指定（**程式 5.43**）。

程式 5.43 堆疊橫條圖的繪製範例

In

```
# 計算每個性別、時段的小費總金額
tips_cross = pd.crosstab(index=tips["sex"], columns=tips["time"],
                         values=tips["tip"], aggfunc="sum")
f, ax = plt.subplots()
# 繪製堆疊橫條圖
sns.barplot(x=tips_cross["Lunch"], y=tips_cross.index,
            color="orange", label="Lunch")
sns.barplot(x=tips_cross["Dinner"], y=tips_cross.index,
            color="darkblue", left=tips_cross["Lunch"],
            label="Dinner")
plt.xlabel("tip")
ax.legend(loc="upper left", bbox_to_anchor=(1, 1))
```

Out

```
<matplotlib.legend.Legend at 0x18486f17828>
```

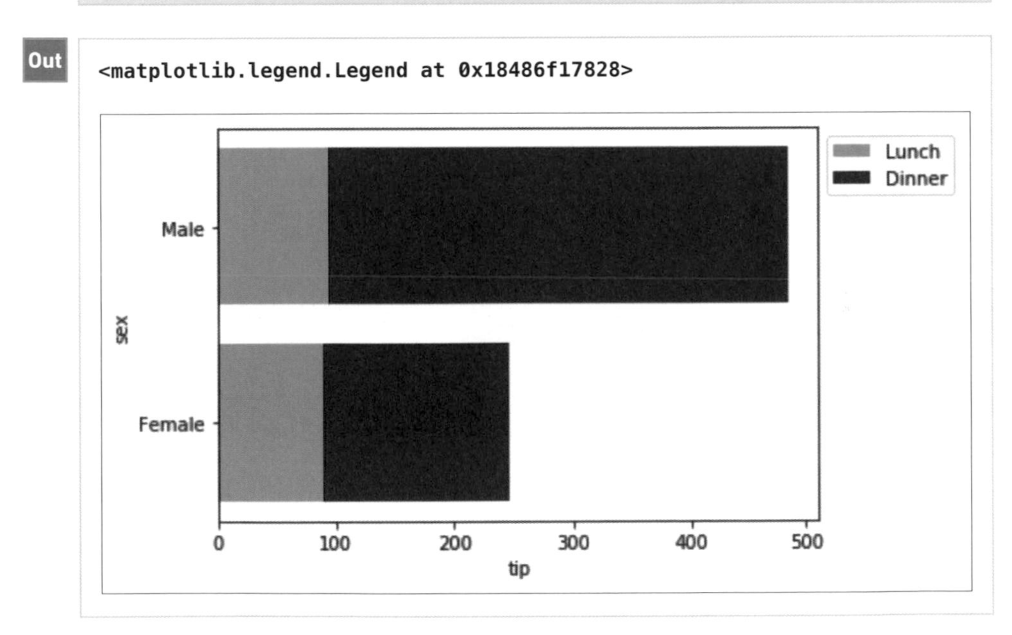

橫條圖也能像長條圖一樣，繪製多層的橫條，方法也與長條圖一樣，只是在 **sns.barplot** 函數使用的參數不是 **bottom** 而是 **left**（**程式 5.44**）。

程式 5.44 兩個以上的堆疊橫條圖繪製範例

In

```
# 計算每個性別與星期別的小費金額
tips_sum = tips.groupby(["sex", "day"], as_index=False).sum()
# 繪製多層的堆疊橫條圖
f, ax = plt.subplots()
idx = 0

palette = sns.color_palette("Set2")
left = np.zeros(len(tips_sum.sex.unique()))
for day in tips_sum.day.unique():
    sns.barplot(x="tip", y="sex",
                data=tips_sum[tips_sum.day == day], left=left,
                color=palette[idx], label=day)
    left += list(tips_sum[tips_sum.day == day]["tip"])
    idx += 1
ax.legend(loc="upper left", bbox_to_anchor=(1, 1))
```

Out

```
<matplotlib.legend.Legend at 0x2d5b7a276a0>
```

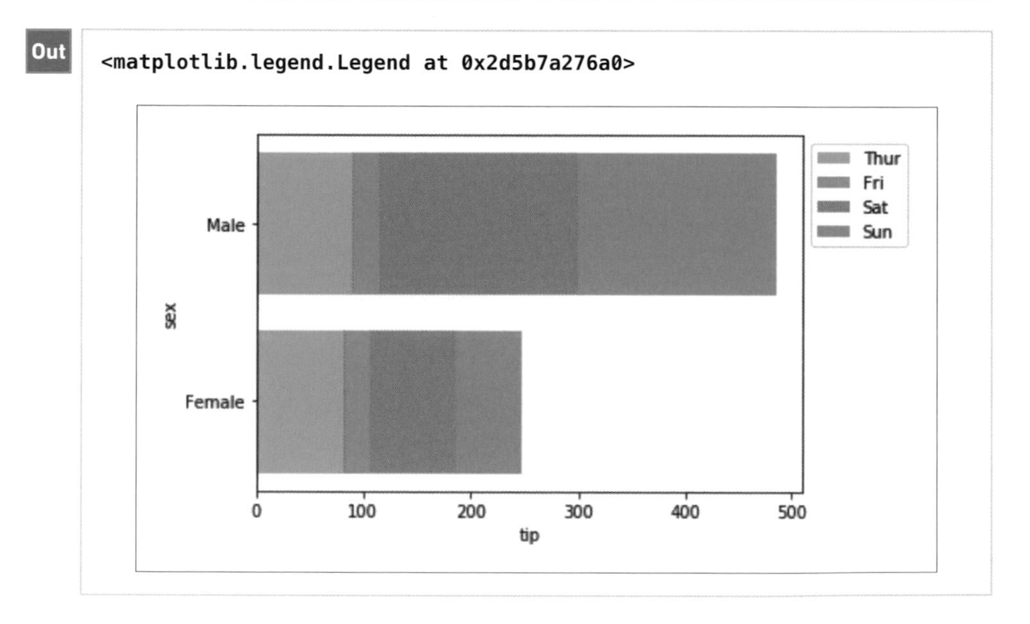

繪製百分比堆疊橫條圖

要繪製百分比堆疊橫條圖時，一樣要先建立資料集，也就是將欄位的總和轉換成百分比，接著跟繪製堆疊橫條圖時一樣執行 **sns.barplot** 函數（**程式 5.45**）。

程式 5.45 繪製兩個以上的堆疊橫條圖的範例

In

```
# 正規化性別與時段的每列小費總和
tips_cross = pd.crosstab(index=tips["sex"], columns=tips["time"],
                         values=tips["tip"], aggfunc="sum", ➡
                         normalize="index")
# 繪製堆疊橫條圖
f, ax = plt.subplots()
sns.barplot(x=tips_cross["Lunch"], y=tips_cross.index,
            color="orange", label="Lunch")
sns.barplot(x=tips_cross["Dinner"], y=tips_cross.index,
            color="darkblue", left=tips_cross["Lunch"], abel="Dinner")
plt.xlabel("percentage of tips")
ax.legend(loc="upper left", bbox_to_anchor=(1, 1))
```

Out

```
<matplotlib.legend.Legend at 0x18486ead518>
```

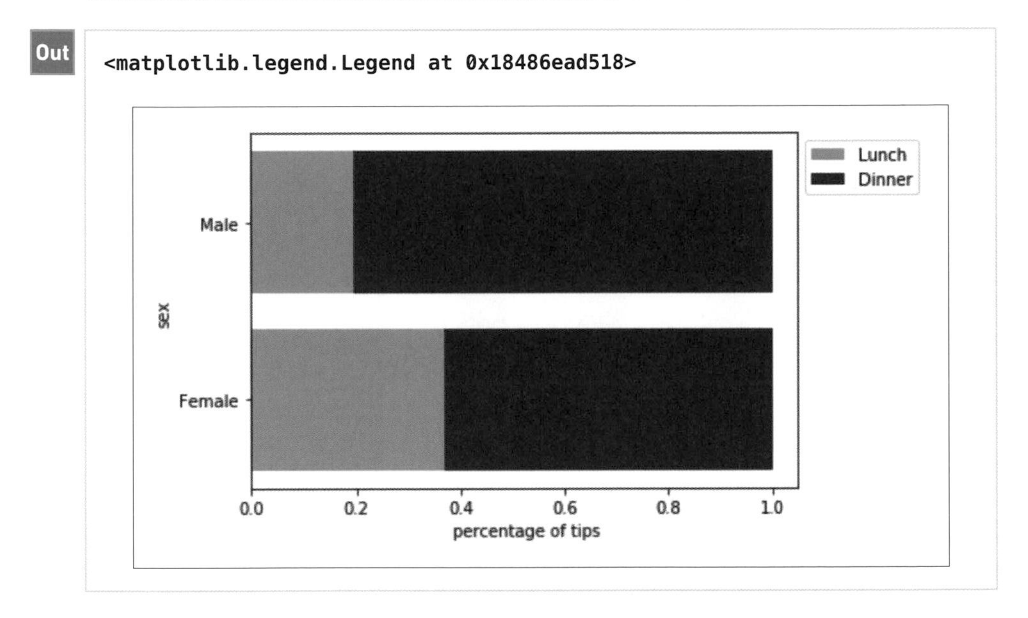

圖例的位置

繪製圖表時，指定 **legend** 函數的參數 **loc** 的值，就能調整圖例的位置。

讓圖例在外側顯示（在右上角顯示）

若希望圖例在右上角顯示，可將 **legend** 函數的參數 **loc** 指定為 **upper left**（**程式 5.46**）。

程式 5.46 於圖表外側顯示圖例的範例

In

```
# 針對星期一至星期日計算各值的平均
tips_mean = tips.groupby("day", as_index=False).mean()
# 刪除 size 欄位
tips_mean = tips_mean.drop("size", axis=1)

# 調整資料框架的格式
tips_mean = tips_mean.set_index("day")
tips_mean = tips_mean.stack().rename_axis(["day", "type"]). ➡
reset_index().rename(columns={0: "dollars" })

ax = sns.barplot(x="day", y="dollars", hue="type", data=tips_mean)

# 於右上角顯示圖例
ax.legend(loc="upper left", bbox_to_anchor=(1, 1))
```

Out

```
<matplotlib.legend.Legend at 0x1d35f4064e0>
```

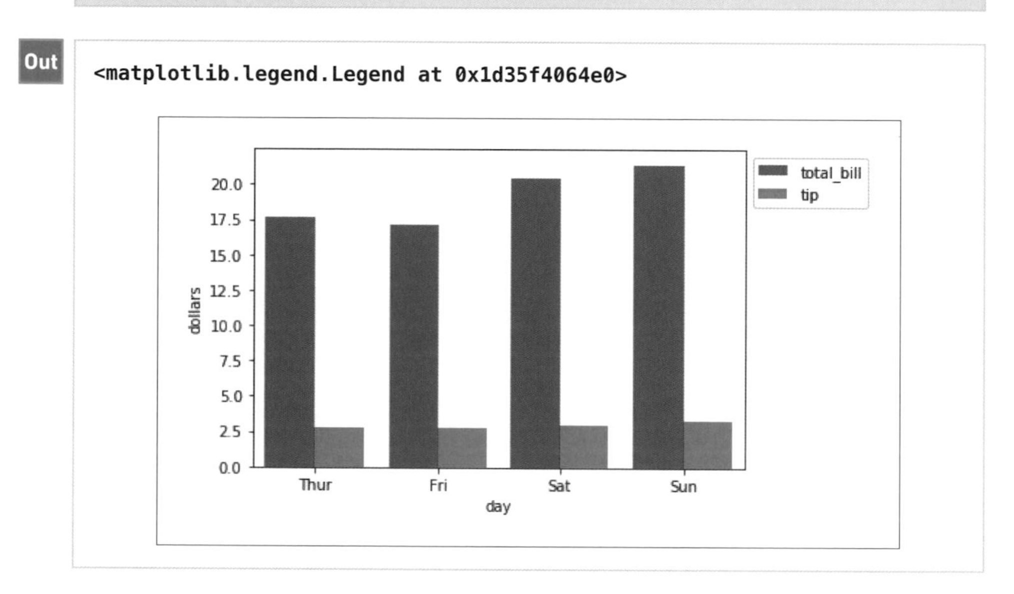

讓圖表的圖例在外側顯示（於右下角顯示）

若希望圖例位於右下角，可將 **legend** 函數的參數 **loc** 指定為 **lower left**（**程式 5.47**）。

程式 5.47 於圖表右下角顯示圖例的範例

In

```
（…省略：到第 12 行之前的內容與程式 5.45 相同）
# 於右下角顯示圖例
ax.legend(loc="lower left", bbox_to_anchor=(1, 0))
```

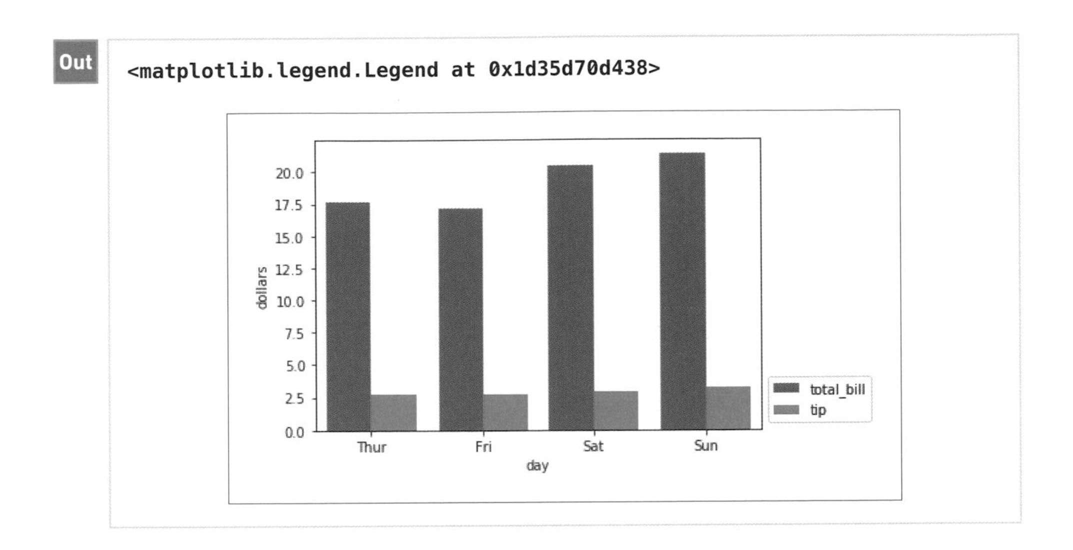

讓圖表的圖例在外側顯示（於正下方顯示）

要在圖表正下方顯示圖例時，可將 **legend** 函數的參數 **loc** 指定為 **upper center**（程式 5.48）。

程式 5.48 在正下方顯示圖例的範例

In

```
(…省略：到第 12 行之前的內容與程式 5.45 相同)
# 於圖表正下方顯示圖例
ax.legend(loc="upper center", bbox_to_anchor=(0.5, -0.15))
```

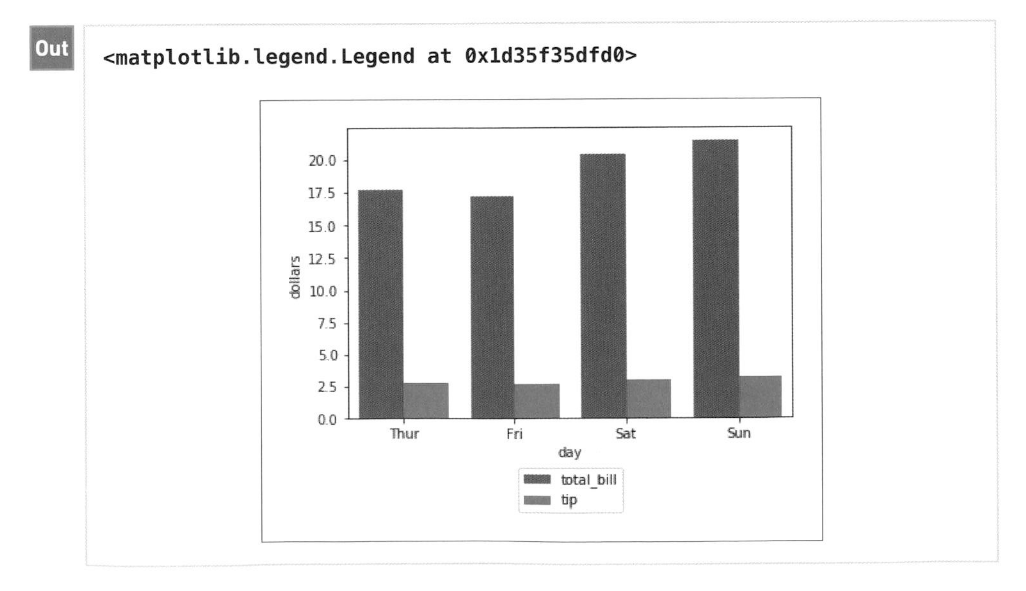

並排多個圖表（分割圖表）

若想將多個圖表整合為一個，可先利用 **plt.subplots** 函數定義是幾列 × 幾欄的圖表，接著再利用長條圖的 **sns.barplot** 函數的參數 **ax** 指定圖表的位置（**程式 5.49**）。

程式 5.49 並排多個圖表（分割圖表）的範例

In

```
labels1 = ["Alice", "Bob"]
y1 = [20, 40]

labels2 = ["Charlie", "Devid"]
y2 = [70, 30]

f, axs = plt.subplots(1, 2)
sns.barplot(x=labels1, y=y1, ax=axs[0])
sns.barplot(x=labels2, y=y2, ax=axs[1])
```

Out

```
<matplotlib.axes._subplots.AxesSubplot at 0x1d35d7fd940>
```

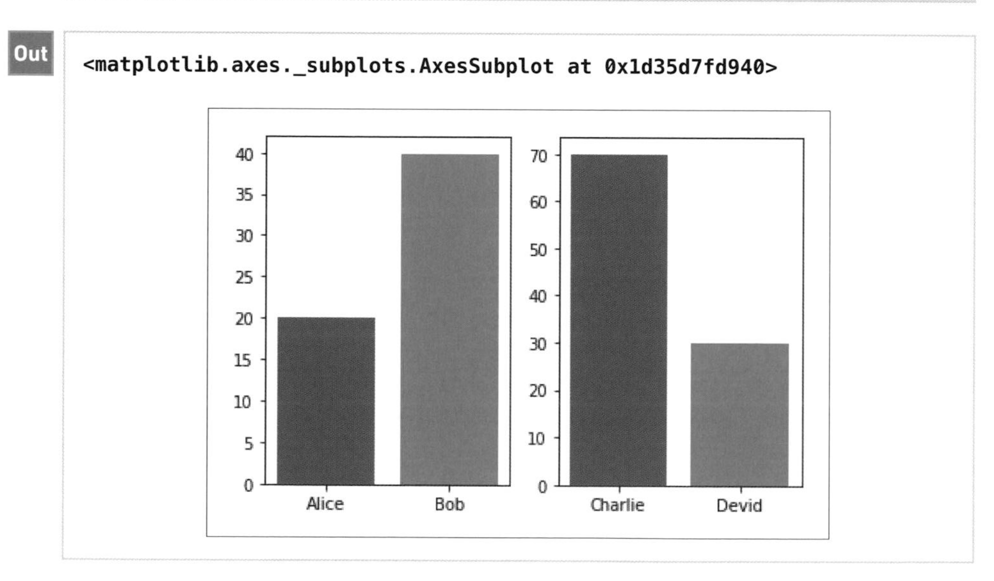

COLUMN | 使用 pandas

利用 pandas 資料框架繪製堆疊長條圖

用於處理資料的函式庫 pandas 也能用來繪製圖表，有時甚至能更簡單快速繪製堆疊長條圖。

假設我們以 **class** 與 **sex** 整理 seaborn 的 titanic 的資料，建立了相關的資料框架。

之後只需要執行**資料框架名稱 .plot.bar（stacked=True）**，就能根據該資料框架繪製對應的堆疊長條圖（**程式 5.50**）。

程式 5.50 利用 pandas 資料框架繪製堆疊長條圖的範例

In
```
titanic = sns.load_dataset("titanic")
df = pd.crosstab(titanic["class"], titanic["sex"])
df
```

Out

sex class	female	male
First	94	122
Second	76	108
Third	144	347

In
```
df.plot.bar(stacked=True)
```

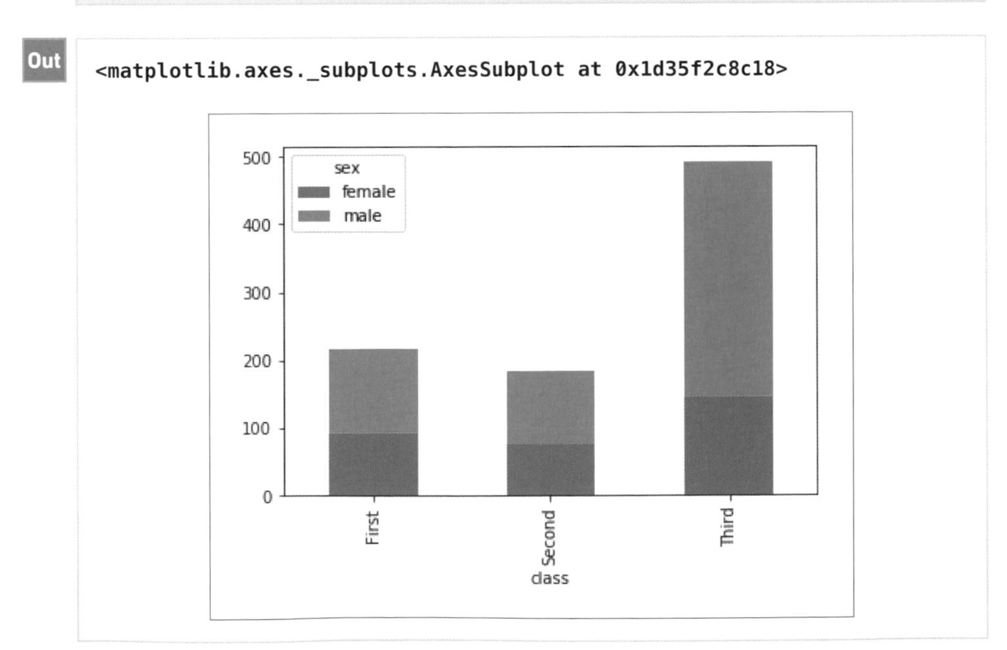

利用 pandas 資料框架繪製百分比堆疊長條圖

先將資料轉換成百分比，就能利用**資料框架名稱 .plot.bar（stacked=True）**繪製百分比堆疊長條圖（**程式 5.51**）。

程式 5.51 利用 pandas 資料框架繪製百分比堆疊長條圖的範例

In

```
df2 = pd.crosstab(titanic["class"], titanic["sex"], normalize="index")
df2
```

Out

sex class	female	male
First	0.435185	0.564815
Second	0.413043	0.586957
Third	0.293279	0.706721

In

```
df2.plot.bar(stacked=True)
```

Out

```
<matplotlib.axes._subplots.AxesSubplot at 0x1d35d17b1d0>
```

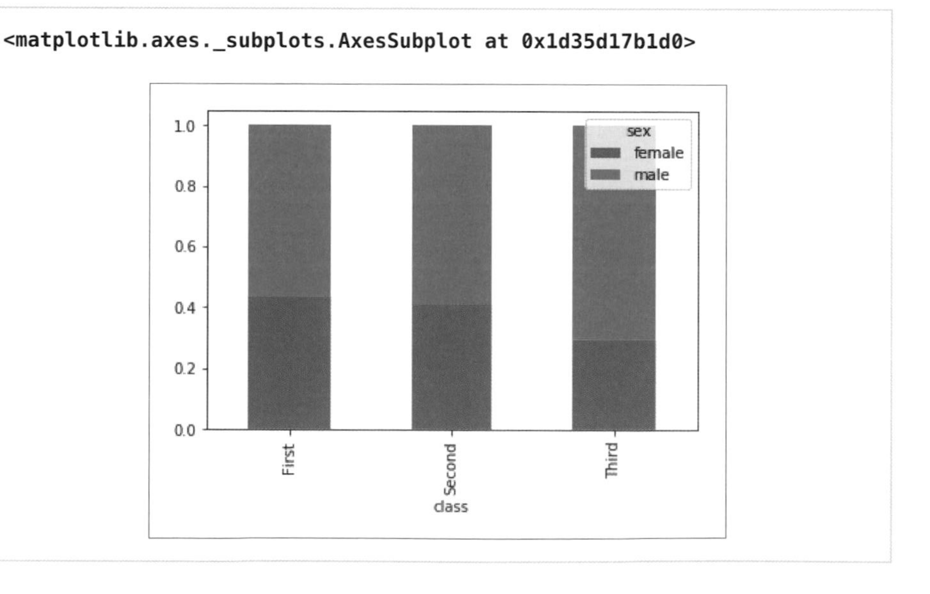

利用 pandas 資料框架繪製堆疊橫條圖

以 **class** 與 **sex** 整理資料之後，執行**資料框架名稱 .plot.barh（stacked=True）**就能繪製堆疊橫條圖（**程式 5.52**）。

程式 5.52 利用 pandas 資料框架繪製堆疊橫條圖的範例

In

```
df.plot.barh(stacked=True)
```

Out

```
<matplotlib.axes._subplots.AxesSubplot at 0x1d35a3f4470>
```

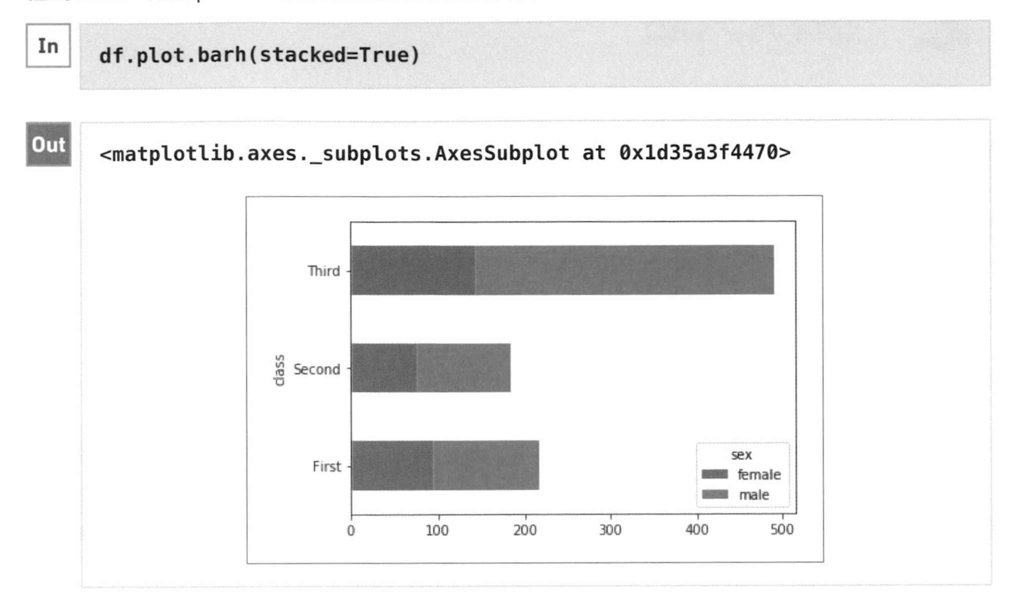

利用 pandas 資料框架繪製百分比堆疊橫條圖

先將原始的資料集轉換成百分比格式，再執行**資料框架名稱 .plot.barh (stacked=True)**，就能繪製百分比堆疊橫條圖（**程式 5.53**）。

程式 5.53 利用 pandas 資料框架繪製百分比堆疊橫條圖的範例

In

```
df2.plot.barh(stacked=True)
```

Out

```
<matplotlib.axes._subplots.AxesSubplot at 0x1d35d151860>
```

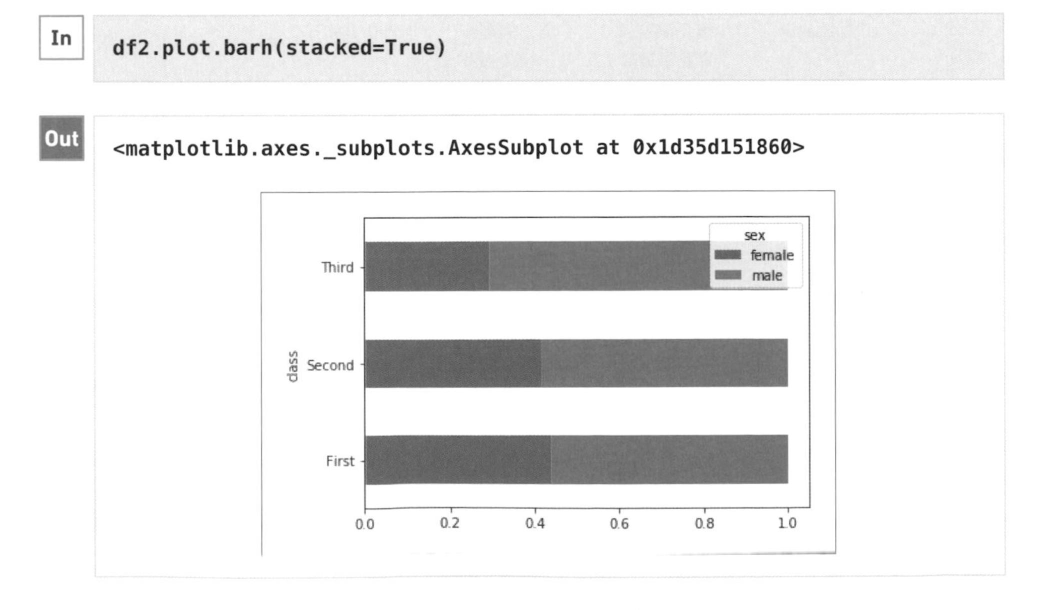

12 圓形圖

介紹常用於說明比例的圓形圖。

何謂圓形圖

圓形圖是以扇形的圓心角說明比例的視覺化方法。

圓形圖有時會讓人無法正確判讀資訊，但在企業很常被用來說明比例。

seaborn 未內建繪製圓形圖的功能，所以我們要使用 matplotlib 繪製圓形圖。

預設的圓形圖

plt.pie 函數可用來繪製圓形圖。與百分比堆疊長條圖的不同的是，不需要先將資料集轉換成百分比的格式。將 **plt.pie** 函數的參數 **autopct** 指定為 **1.1f%%**，就能在圓形圖顯示小數點一位數的資料比例（**程式 5.54**）。

程式 5.54 繪製預設的圓形圖

In

```
# 定義資料
sales_dep = pd.DataFrame({
    "label" : ["第 1 業務部", "第 2 業務部", "第 3 業務部",
               "網路事業部 1", "網路事業部 2"],
    "value" : [500, 130, 200, 75, 20]})
plt.pie(sales_dep["value"], labels=sales_dep["label"],
        autopct="%1.1f%%")
plt.show()
```

這是定義資料的部分。程式 55 至 56 省略的部分。

Out

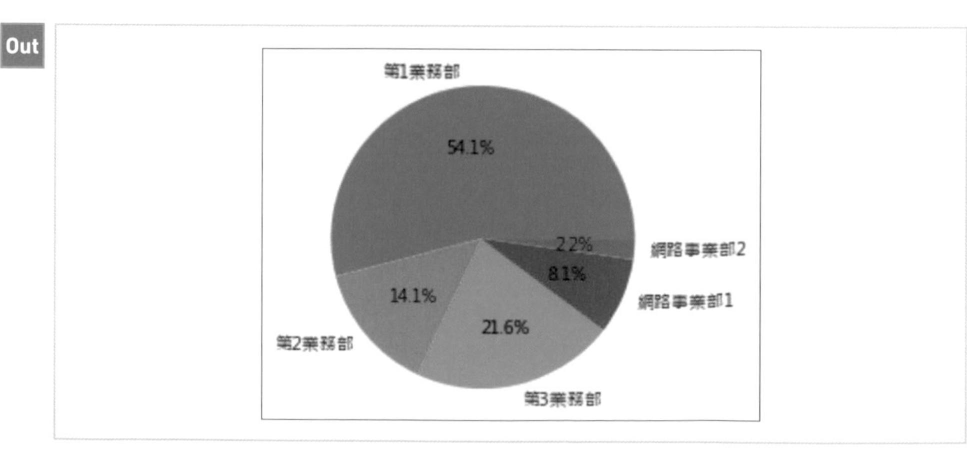

依照遞減的順序，繪製資料從 12 點鐘方向開始排列的圓形圖

matplotlib 預設的圓形圖會從時鐘的 3 點鐘方向開始逆時針繪製。

接著我們要設定成從 12 點鐘方向開始繪製，並且依照遞減的順序，沿著順時針的方向繪製。為了要以遞減的順序繪製，要先利用 **sort_values** 函數將用來繪製圓形圖的資料集欄位排序成降冪的順序，此時要將參數 **ascending** 指定為 **False**。

將 **plt.pie** 函數的參數 **startangle** 指定為 **90**，就能從 12 點鐘的位置開始繪製圓形圖，之後若將參數 **counterclock** 指定為 **False**，就能將繪製的方向改成順時針方向（**程式 5.55**）。

程式 5.55 從 12 點鐘方向開始繪製的圓形圖

In

```
(…省略：與程式 5.54 的定義資料的部分相同…)
# 排序（這次一開始就先排序資料）
sales_dep = sales_dep.sort_values("value", ascending=False)
plt.pie(sales_dep["value"], labels=sales_dep["label"],
        autopct="%1.1f%%", startangle=90, counterclock=False)
plt.show()
```

Out

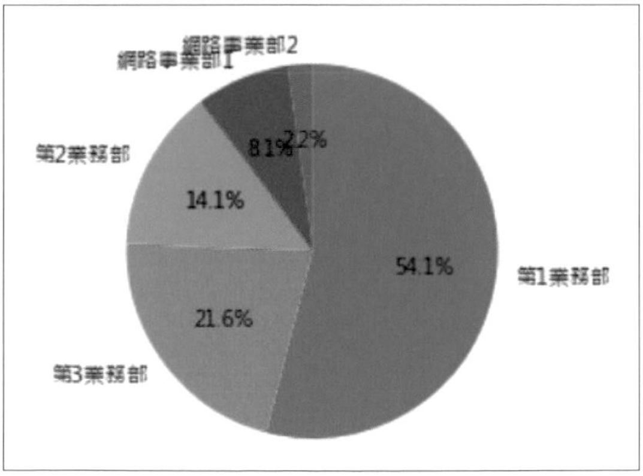

只調整要強調的扇形的顏色

接著要將特定欄位的扇形設定為重點色，其他欄位的扇形全設定為無彩色。

第一步仿照堆疊長條圖指定無彩色的方法，將內含多種無彩色的調色盤 **binary** 設定為預設的調色盤。

接著再編輯這個調色盤，將要強調的扇形的顏色變更為重點色。這次我們希望只在扇形的標籤為「第 3 業務部」時套用重點色。

完成調色盤的編輯之後，可將 **plt.pie** 函數的參數 **colors** 指定為剛剛編輯的調色盤（**程式 5.56**）。

程式 5.56 只變更要強調的扇形的顏色

In

```
(…省略：與程式 5.54 的定義資料相同…)
# 要強調的扇形的標籤
point_label = "第 3 業務部"
# 重點色
point_color = "#CC0000"
# 調整特定標籤的顏色
palette = sns.color_palette("binary", len(sales_dep))
for i in sales_dep[sales_dep.label == point_label].index.values:
    palette[i] = point_color

plt.pie(sales_dep["value"], labels=sales_dep["label"],
        autopct="%1.1f%%", startangle=90, counterclock=False,
        colors=palette)
plt.show()
```

Out

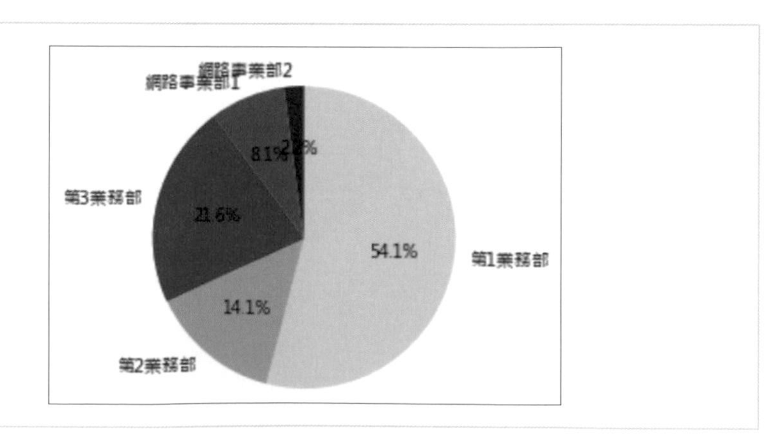

利用 plotly 繪製圓形圖

plotly 也能快速繪製圓形圖，要使用的函數為 **go.Pie**。參數 **labels** 對應的是圖例，參數 **values** 對應的是要顯示比例的欄位（**程式 5.57**）。

程式 5.57 利用 plotly 繪製圓形圖的範例

```
sales_dep = pd.DataFrame({
     "label" : ["第 1 業務部", "第 2 業務部", "第 3 業務部",
                "網路事業部 1", "網路事業部 2"],
     "value" : [500, 320, 130, 75, 20]})
fig = go.Figure(data=[go.Pie(labels=sales_dep["label"],
                             values=sales_dep["value"])])
fig.show()
```

Out

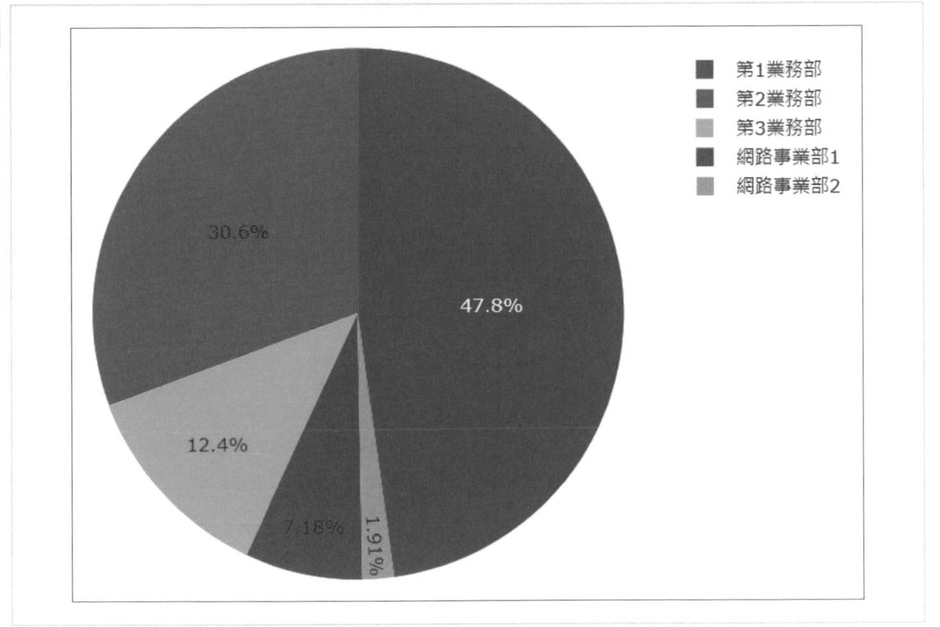

13 甜甜圈圖

比圓形圖更能呈現比例的甜甜圈圖。

何謂甜甜圈圖

由於圓形圖是以扇形面積的大小比較值的大小，所以不太容易讀出正確的值，反觀甜甜圈圖就沒有這個問題。

甜甜圈圖是將堆疊長條圖變成圓形的圖，擁有圓形圖容易辨識比例的特徵，也擁有長條圖方便比較值的大小的特徵，所以要說明比例時，很常使用甜甜圈圖。

這次要為大家介紹的是利用 plotly 繪製甜甜圈圖的方法。

接著介紹具體的繪製方法。甜甜圈圖的中心有多大可由參數 **hole** 設定。若想在中間的洞輸入文字，可依照文字位於圖片中心的方式配置（**程式 5.58**）。

程式 5.58 甜甜圈圖繪製範例

In

```
# 資料
sales_dep = pd.DataFrame({
    "label" : ["第1業務部", "第2業務部", "第3業務部",
               "網路事業部1", "網路事業部2"],
    "value" : [500, 320, 130, 75, 20]})

# Pie 圖表部分
fig = go.Figure(data=[go.Pie(labels=sales_dep["label"],
                             values=sales_dep["value"],
                             hole=0.5)])

# 圖表標題與甜甜圈部分的文字
fig.update_layout(title_text="各部門業績",
                  annotations=[{
                               "text" : "業績明細",
                               "x" : 0.5,
                               "y" : 0.5,
                               "font_size" : 20,
                               "showarrow" : False}])
# 顯示圖表
fig.show()
```

Out

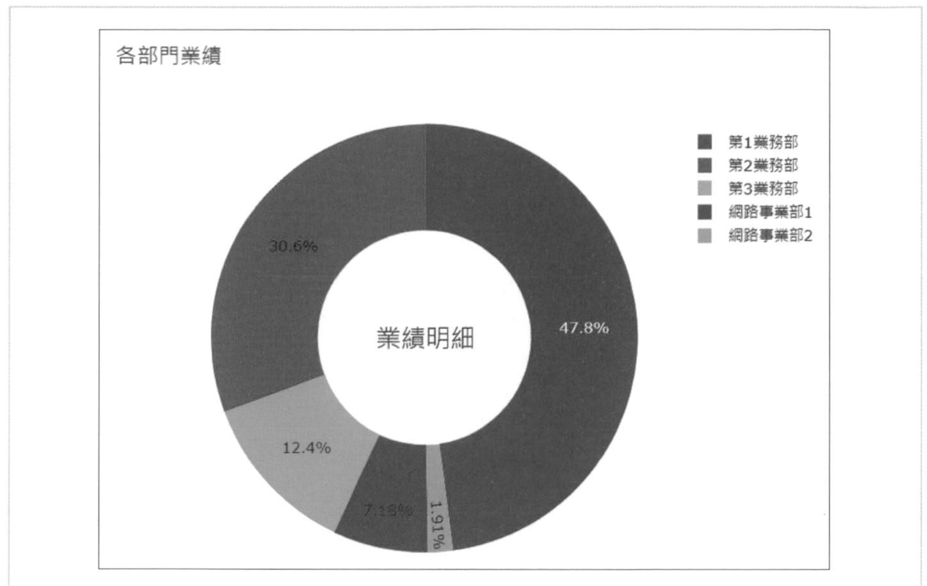
各部門業績
第1業務部
第2業務部
第3業務部
網路事業部1
網路事業部2
業績明細
47.8%
30.6%
12.4%
7.19%
1.91%

14 折線圖

常用來說明時間軸變化的折線圖。

折線圖是最常用來說明時間軸變化的圖表。

這次會用到記錄日本各都市全年氣象的 weather_sample.csv。下載「weather_sample.csv」之後，請將這個檔案放在 Jupyter Notebook 的 notebook 檔案的資料夾。

首先以日期類型載入 weather_sample.csv 的年月欄位，並在此時以代表時間的 datetime 格式載入的欄位清單指定給參數 **parse_dates**。若不執行這個步驟，就無法在繪製折線圖時，將這些資料轉換成時間軸資料（**程式 5.59**）。

程式 5.59 日本各都市平均氣溫全年資料

In

```
weather = pd.read_csv("weather_sample.csv", header=0, parse_dates=["年月"])
weather)
```

Out

		東京－平均氣温（℃）	東京－降水量の合計（mm）	東京－日照時間（時間）	大阪－平均氣温（℃）	大阪－降水量の合計（mm）	大阪－日照時間（時間）	那覇－平均氣温（℃）	那覇－降水量の合計（mm）	那覇－日照時間（時間）	函館－平均氣温（℃）	函館－降水量の合計（mm）	函館－日照時間（時間）
0	2015-01-01	5.8	92.5	182.0	6.1	93.0	123.3	16.6	22.0	90.7	-0.9	43.0	108.2
1	2015-02-01	5.7	62.0	166.9	6.9	25.5	136.8	16.8	47.0	114.1	0.1	52.5	129.4

(…略…)

繪製折線圖

接著繪製折線圖，說明東京各時段的平均氣溫。

折線圖可利用 **sns.lineplot** 函數繪製，第一步先在參數 **x** 指定橫軸的欄位，接著在參數 **y** 指定直軸的欄位（**程式 5.60**）。

程式 5.60 折線圖的繪製範例①

In

```
# 由於座標軸的最小值不能為 0，所以指定 y 軸的值
plt.ylim([0, 30])

sns.lineplot(data=weather, x="年月", y="東京－平均氣溫(℃)")
```

Out

```
<matplotlib.axes._subplots.AxesSubplot at 0x2b7198bbb00>
```

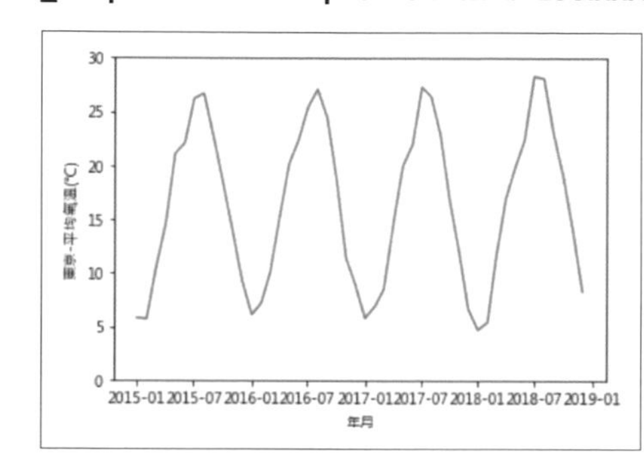

橫軸的字串若太長，會導致刻度被蓋住，所以讓我們利用 **plt.xticks (rotation=90)** 的設定，讓橫軸的刻度轉直（**程式 5.61**）。

程式 5.61 折線圖的繪製範例②

In

```
plt.ylim([0, 30])
sns.lineplot(data=weather, x="年月", y="東京－平均氣溫(℃)")

# 讓年月轉成 90 度的直書格式，才更方便閱讀
plt.xticks(rotation=90)
```

Out

```
(array([735599., 735780., 735964., 736146., 736330., 736511., 736695.,
        736876., 737060.]), <a list of 9 Text xticklabel objects>)
```

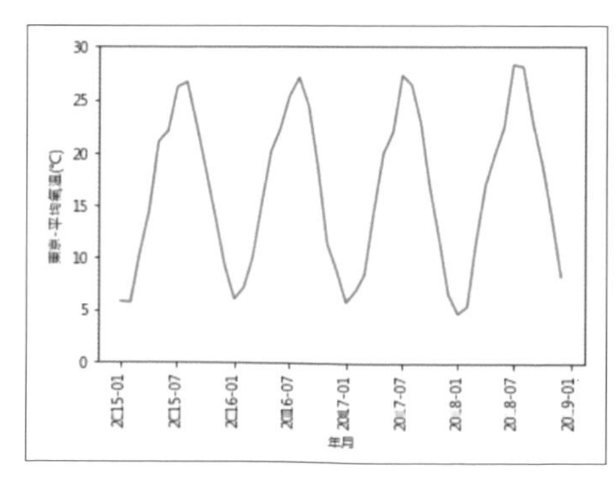

在同一張圖表裡繪製多個折線圖

接著讓我們將東京、大阪、那霸、函館的折線圖畫成同一張圖表。

第一步要先建立資料框架。年月欄位在 weather_sample.csv 之中，是第一個欄位，所以當我們利用 **pd.read_csv** 函數載入 CSV 檔案時，將 **index_col** 指定為 **0**（第一個欄位，也就是年月欄位），就能建立以日期資料的年月欄位為索引值的資料框架。

接著再從這個資料框架篩選出繪製折線圖所需的欄位，就能建立繪製折線圖所需的資料框架（**程式 5.62**）。

程式 5.62 東京、大阪、那霸、函館的平均氣溫資料

In

```
weather_index = pd.read_csv("weather_sample.csv", header=0,
                            parse_dates=["年月"], index_col=0)
tmp_ave = weather_index[["東京-平均氣溫(℃)", "大阪-平均氣溫(℃)",
                         "那霸-平均氣溫(℃)", "函館-平均氣溫(℃)"]]
tmp_ave
```

Out

年月	東京-平均氣溫(℃)	大阪-平均氣溫(℃)	那霸-平均氣溫(℃)	函館-平均氣溫(℃)
2015-01-01	5.8	6.1	16.6	-0.9
2015-02-01	5.7	6.9	16.8	0.1
2015-03-01	10.3	10.2	19.0	4.3
2015-04-01	14.5	15.9	22.2	8.3
2015-05-01	21.1	21.5	24.9	13.2
2015-06-01	22.1	22.9	28.7	16.6
(…略…)				
2018-11-01	14.0	14.6	23.1	7.2
2018-12-01	8.3	9.4	20.4	-0.3

到目前為止，我們已經建立了以年月欄位為索引值的各都市平均氣溫資料集，所以讓我們利用 **sns.lineplot** 函數繪製折線圖吧（**程式 5.63**）。執行程式之後，可看到所有的折線圖都集中在一個圖表之內。

此外，這個方法最多可在單一圖表塞進六張折線圖，不過塞太多張折線圖會變得很難閱讀，所以要比較的項目太多時，建議將折線圖拆開來繪製。

程式 5.63 在單一圖表繪製多張折線圖的範例

In

```
# 繪製折線圖
ax = sns.lineplot(data=tmp_ave)

# 適度調整標籤與圖例
plt.xticks(rotation=90)
ax.legend(loc="lower left", bbox_to_anchor=(1, 0))
```

```
<matplotlib.legend.Legend at 0x2b71a2d6c50>
```

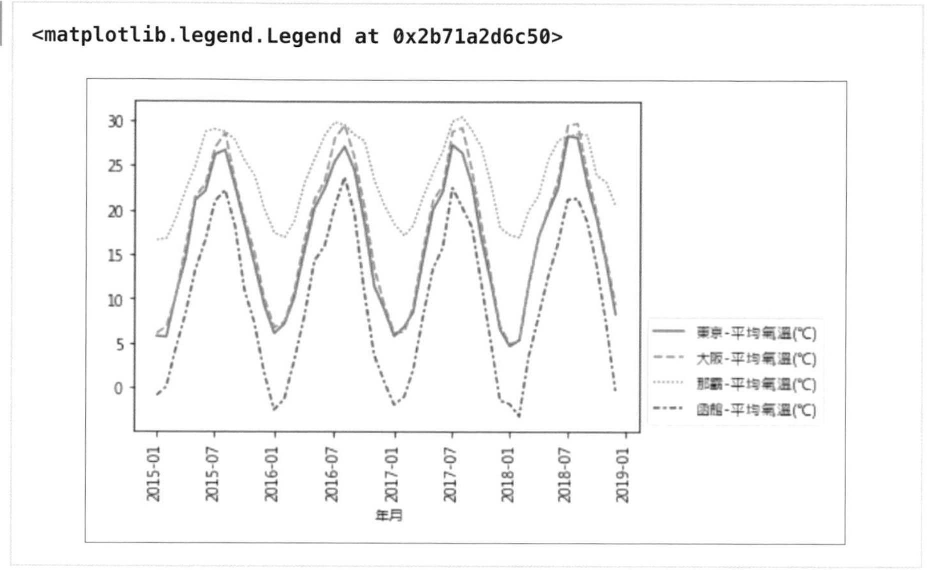

將多張折線圖的線條設定為相同種類

從**程式 5.63** 的折線圖可以發現，各折線圖裡的線條不僅顏色不同，種類也不同，但如果只想讓顏色不同，可試著調整資料的格式，就能只以顏色區分不同的折線圖。

第一步，先將要調整顏色的屬性放在同一個欄位，調整資料的格式（在此為 **category**）（**程式 5.64**）。

資料格式調整完畢之後，在繪製圖表之際使用的參數 **hue** 指定要以不同顏色標註的欄位。

如此一來，折線的種類就會相同，只有顏色會不一樣（**程式 5.64**）。

程式 5.64 將多張折線圖的折線設定為同一種類的範例

In

```
# 調整資料的格式
tmp_stack = tmp_ave.stack().rename_axis([" 年月 ", "category"]) ➡
.reset_index().rename(columns={0: "value" })
print(tmp_stack)

# 繪製折線圖
ax = sns.lineplot(data=tmp_stack, x=" 年月 ", y="value", hue="category",
                  palette="pastel")
# 適度調整標籤與圖例
plt.xticks(rotation=90)
ax.legend(loc="lower left", bbox_to_anchor=(1, 0))
```

Out

```
             年月           category   value
0    2015-01-01  東京 - 平均氣溫 (℃)     5.8
1    2015-01-01  大阪 - 平均氣溫 (℃)     6.1
2    2015-01-01  那覇 - 平均氣溫 (℃)    16.6
3    2015-01-01  函館 - 平均氣溫 (℃)    -0.9
4    2015-02-01  東京 - 平均氣溫 (℃)     5.7
..          ...               ...     ...
187  2018-11-01  函館 - 平均氣溫 (℃)     7.2
188  2018-12-01  東京 - 平均氣溫 (℃)     8.3
189  2018-12-01  大阪 - 平均氣溫 (℃)     9.4
190  2018-12-01  那覇 - 平均氣溫 (℃)    20.4
191  2018-12-01  函館 - 平均氣溫 (℃)    -0.3

[192 rows x 3 columns]
```

Out

```
<matplotlib.legend.Legend at 0x2b71a165f28>
```

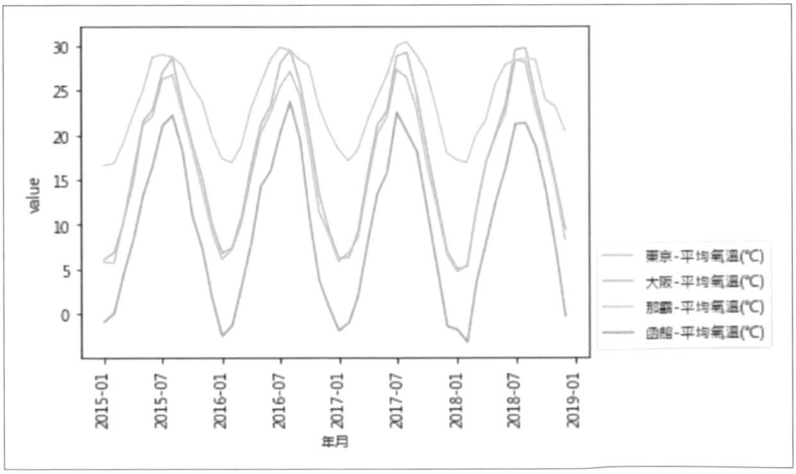

強調其中一張折線圖

假設想讓那霸以外的氣溫全部變成無彩色，可先建立無彩色與重點色的調色盤，接著再將這個調色盤指定給 **sns.lineplot** 函數的參數 **palette**（**程式 5.65**）。

程式 5.65 強調特定折線圖的範例

In

```
tmp_stack = tmp_ave.stack().rename_axis(["年月", "category"])➡
.reset_index().rename(columns={0: "value" })
print(tmp_stack)

# 計算分類數量
num_category = len(tmp_stack["category"].unique())
# 設定顏色
point_color = "#CC0000"

# 要變更的分類的編號
point_number = 2

# 建立原始的調色盤
palette = sns.color_palette("gray_r", num_category)

# 變更調色盤的部分顏色
palette[point_number] = point_color

# 繪製折線圖
ax = sns.lineplot(data=tmp_stack, x="年月", y="value", hue="category",
                  palette=palette)
# 適度調整標籤與圖例
plt.xticks(rotation=90)
ax.legend(loc="lower left", bbox_to_anchor=(1, 0))
```

Out

```
             年月          category   value
0    2015-01-01   東京－平均氣溫 (℃)     5.8
1    2015-01-01   大阪－平均氣溫 (℃)     6.1
2    2015-01-01   那覇－平均氣溫 (℃)    16.6
3    2015-01-01   函館－平均氣溫 (℃)    -0.9
4    2015-02-01   東京－平均氣溫 (℃)     5.7
..          ...                 ...     ...
187  2018-11-01   函館－平均氣溫 (℃)     7.2
188  2018-12-01   東京－平均氣溫 (℃)     8.3
189  2018-12-01   大阪－平均氣溫 (℃)     9.4
190  2018-12-01   那覇－平均氣溫 (℃)    20.4
191  2018-12-01   函館－平均氣溫 (℃)    -0.3

[192 rows x 3 columns]
```

Out

```
<matplotlib.legend.Legend at 0x2b71a241908>
```

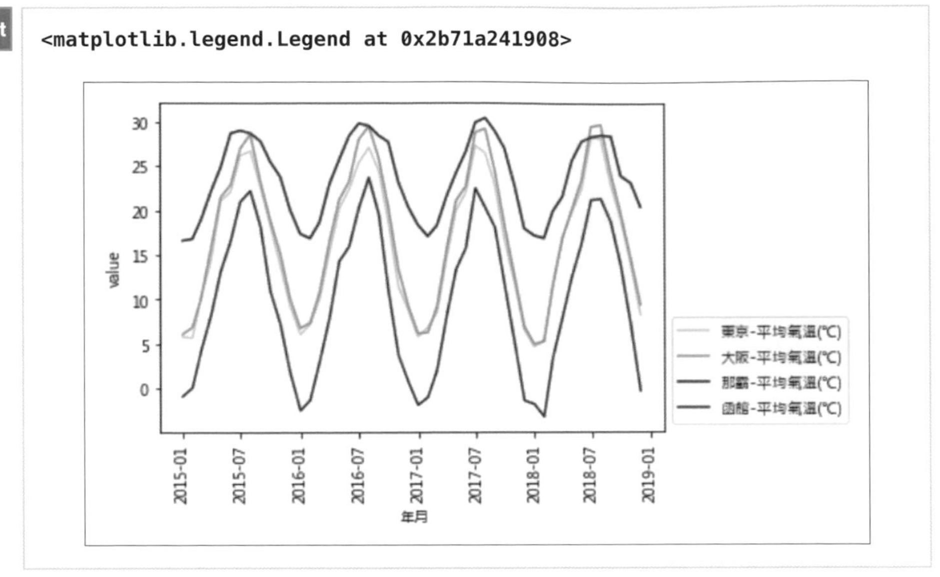

MEMO 利用 tsplot 函數繪製時間軸系列的折線圖

seaborn 0.9.0 的版本可使用 **tsplot** 函數代替 **lineplot** 函數，繪製具有時序的資料。不過，tsplot 函數有可能會在日後停用，所以還是建議使用 lineplot 函數繪製。

利用 plotly 繪製折線圖

若使用 plotly 繪製折線圖，程式碼可以變得很精簡，而且還能套用許多互動性十足的資料呈現手法，例如在滑鼠移入圖表時，顯示各時間點的數值。

具體來說，可利用 **px.line** 函數繪製折線圖（**程式 5.66**）。

程式 5.66 利用 plotly 繪製折線圖的範例

In

```
fig = px.line(weather, x="年月", y="東京－平均氣溫(℃)")
fig.show()
```

Out

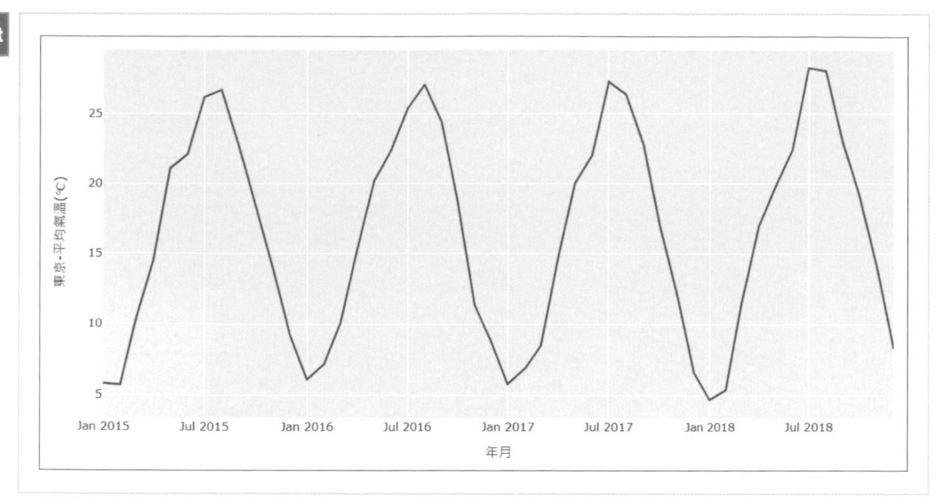

利用 plotly 繪製多張折線圖

若想利用 plotly 繪製多張折線圖，可先定義每個折線圖，接著再將這些折線圖集中在單一圖表裡。

先在 **go.Scatter** 函數的參數 **mode** 指定 **lines**，建立每個都市的折線圖資料。

要將這些折線圖統整在單一圖表時，可將 **go.Figure** 函數的參數 **data** 指定為各都市折線圖資料列表（**程式 5.67**）。

程式 5.67 利用 plotly 繪製多張折線圖的範例

In

```
tmp_tokyo = go.Scatter(x=weather["年月"], y=weather["東京-平均氣溫(℃)"],
                       mode="lines", name="東京")
tmp_osaka = go.Scatter(x=weather["年月"], y=weather["大阪-平均氣溫(℃)"],
                       mode="lines", name="大阪")
tmp_naha = go.Scatter(x=weather["年月"], y=weather["那覇-平均氣溫(℃)"],
                      mode="lines", name="那覇")
tmp_hakodate = go.Scatter(x=weather["年月"], y=weather["函館-平均氣溫(℃)"],
                          mode="lines", name="函館")
# 指定版面編排方式
layout = go.Layout(xaxis=dict(title="各都市平均氣溫", type="date",
                              dtick="M1"), # 以dtick:'M1'在每個月的資料貼上標籤
                   yaxis=dict(title="氣溫"))
```

```
fig = go.Figure(data=[tmp_tokyo, tmp_osaka, tmp_naha, tmp_hakodate],
                layout=layout)
fig.show()
```

Out

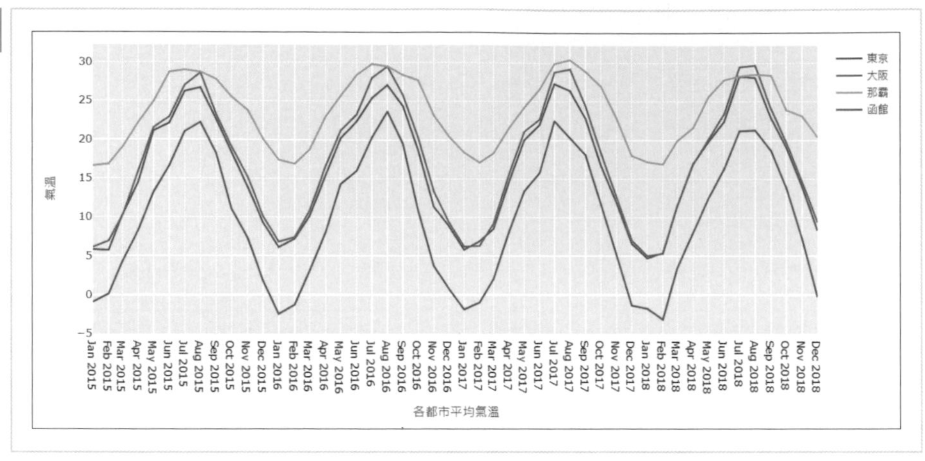

15 熱圖

根據值的大小變化顏色的熱圖。

何謂熱圖

熱圖就是依照矩陣的數據大小讓顏色產生變化的視覺化手法。

熱圖很常用來呈現交叉統計之後的資料，此外，也很常在探索式資料分析建立相關矩陣之後，用來呈現該矩陣數據。在此要利用咖啡廳每月商品銷售量的 cafe.csv 介紹熱圖。第一步，先載入資料（**程式 5.68**）。CSV 範例檔「cafe.csv」可在下載的範例檔中找到。請將這個檔案與 Jupyter Notebook 的 notebook 檔案放在同一個資料夾。

程式 5.68 咖啡廳每月商品銷售量資料

In
```
# 載入資料與定義資料
cafe = pd.read_csv("cafe.csv", header=0, index_col=0)
cafe
```

Out

商品	1月	2月	3月	4月	5月	6月	7月	8月	9月	10月	11月	12月
熱咖啡	980	828	823	650	732	653	763	650	791	732	758	996
冰咖啡	314	269	419	596	669	672	840	944	903	555	865	318
熱茶	670	678	500	418	469	471	320	380	420	390	606	558
冰茶	280	320	430	450	550	580	628	734	494	304	473	280
餅乾	311	332	200	403	350	369	219	328	316	379	434	366
冰淇淋	150	128	200	284	319	320	650	559	500	265	412	152
普通甜甜圈	205	278	249	424	372	371	426	269	200	297	427	311
巧克力甜甜圈	242	296	387	358	335	407	447	449	163	229	354	301
三明治	124	174	147	184	160	187	149	195	145	156	126	200

接著讓我們試著將上述的數據轉換成熱圖。

執行 **sns.heatmap** 函數，就能繪製熱圖（**程式 5.69**）。

程式 5.69 熱圖繪製範例①

In
```
sns.heatmap(cafe)
```

Out
```
<matplotlib.axes._subplots.AxesSubplot at 0x1d360a02550>
```

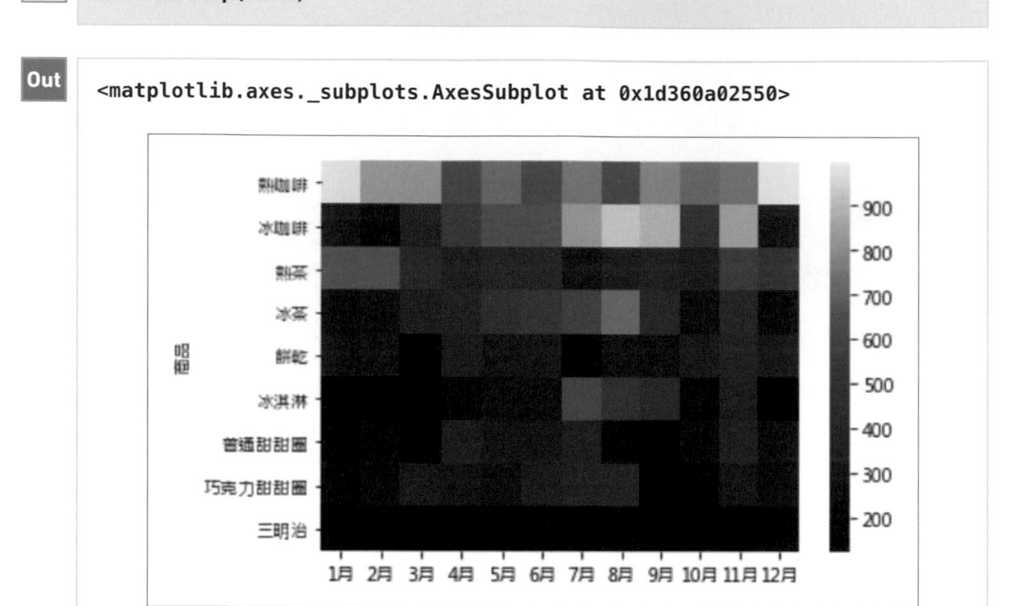

如果希望矩陣之間的分界線更清楚，可試著利用參數 **linewidths** 指定分界線粗細。此外，若想知道各區代表的值，可試著顯示各矩陣的值，此時請將參數 **annot** 指定為 **True**（**程式 5.70**）。

程式 5.70 熱圖繪製範例②

In
```
sns.heatmap(cafe, linewidths=.1, annot=True, fmt="d")
```

Out

```
<matplotlib.axes._subplots.AxesSubplot at 0x1d360a7a438>
```

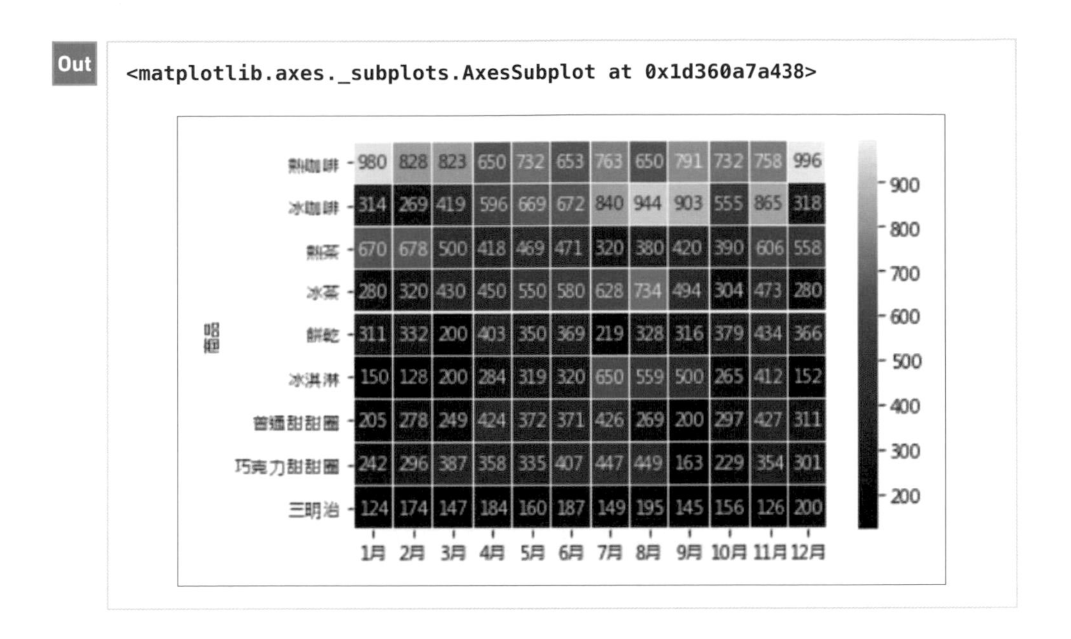

也可以指定顏色地圖。範例將參數 **cmap** 指定為 **coolwarm**，以紅色標記較大的值，並以藍色標記較小的值（**程式 5.71**）。

程式 5.71　熱圖繪製範例③

In

```
sns.heatmap(cafe, linewidths=.5, cmap="coolwarm", fmt="d", annot=True)
```

Out

```
<matplotlib.axes._subplots.AxesSubplot at 0x1d360c19390>
```

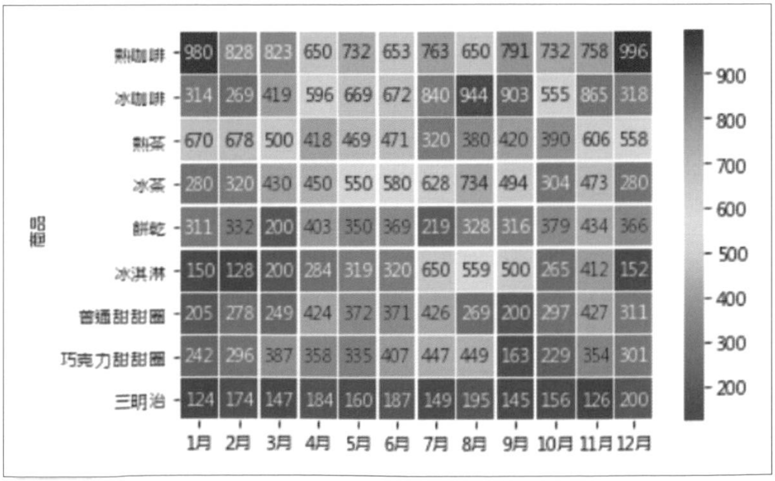

16 瀑布圖

說明兩個時間點之間的變化或是兩者差異的瀑布圖。

何謂瀑布圖

瀑布圖常用於說明在兩個時間點之間，值的變因與大小，所以很常用來呈現企業的財務狀況。

除了上述的情況之外，也很常用來比較兩者的差異。

程式 5.72 是以瀑布圖說明家計的變化，主要就是使用 plotly 的 **go.Waterfall** 函數繪製瀑布圖。

程式 5.72 瀑布圖繪製範例

In

```
fig = go.Figure(go.Waterfall(
    # 指定為絕對值或差值
    measure=["absolute", "relative", "relative", "relative", "relative",
             "total"],
    # 定義項目
    x=["上個月餘額", "打工收入", "薪資", "浮動費用", "固定費用", "本月餘額"],
    #定義標籤的項目
    textposition = "outside",
    text=["30", "+10", "+50", "-32", "-10", "48"],
    # 定義數值
    y=[30, 10, 50, -32, -10, 0],
    connector={"line" : {"color" : "rgb(0, 0, 0)" }}))

fig.update_layout(title="我的帳戶餘額增減趨勢",
                  showlegend=True )
fig.show()
```

Out

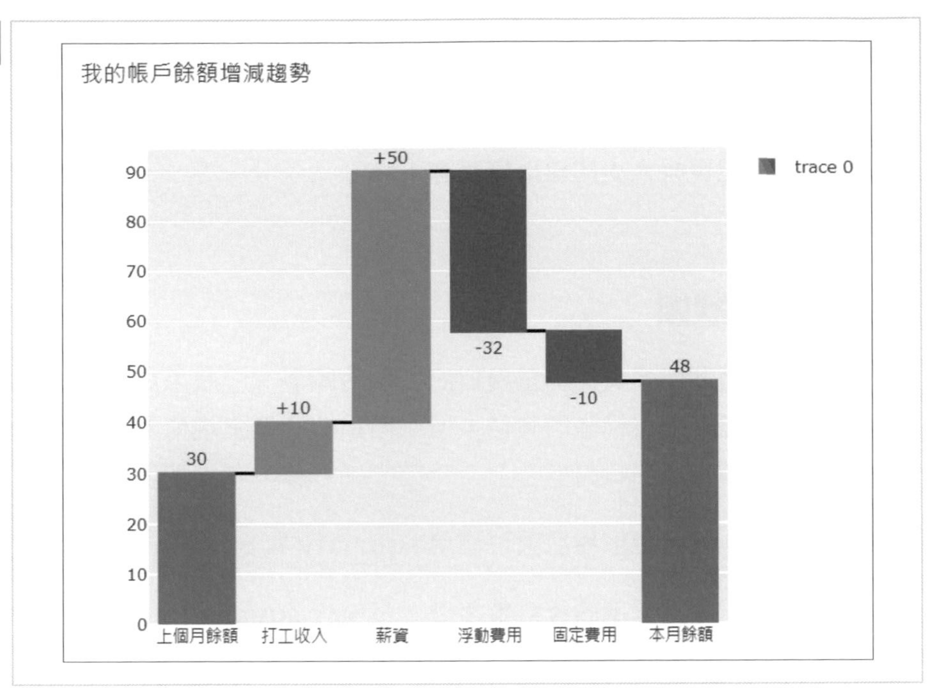
我的帳戶餘額增減趨勢
trace 0
90
80
70
60
50
40
30
20
10
0
30
+10
+50
-32
-10
48
上個月餘額
打工收入
薪資
浮動費用
固定費用
本月餘額

17 矩形樹狀圖

介紹以面積呈現資料大小的矩形樹狀圖。

何謂矩形樹狀圖

矩形樹狀圖就是利用想質比例呈現值的大小的圖表。一般來說，矩形樹狀圖很常用來呈現具有階層構造的資料，但以面積的比例呈現值的手法，也能有效說明不具階層構造的資料。

要利用 Python 繪製矩形樹狀圖可使用 squarify 與 matplotlib。

建立要以矩形樹狀圖呈現的資料集之後，可執行 **squarify.plot** 函數。

程式 5.73 是說明人口的圖表，當代表人口的欄位「**pop**」越大，面積就越大。參數 **label** 指定了代表國碼欄位的 **code**，所以可在資料的區塊加入標籤。

程式 5.73 矩形樹狀圖繪製範例

In

```
# 調整大小
sns.set(rc={"figure.figsize" : (5, 5),
            "figure.dpi" : 400})

# 取得 plotly 的 2007 年人口資訊
pop_df = px.data.gapminder().query("year == 2007")

# 依降冪的順序排序人口
pop_df = pop_df.sort_values("pop", ascending=False)

# 只取得前 15 筆資料
pop_df = pop_df.head(15)

# 人口
pop = list(pop_df["pop"])

# 國碼
code = list(pop_df["iso_alpha"])
```

```
# 繪製矩形樹狀圖
squarify.plot(pop, label=code,
              color=sns.color_palette("husl", len(pop)))

# 取消座標軸標
plt.axis("off")
plt.show()
```

Out

18 旭日圖

以階層構造呈現比例的旭日圖。

何謂旭日圖

旭日圖就是將具有階層構造的資料轉換成圓形圖的呈現方式，常用來說明比例。可一次呈現不同階層的比例，也能用來比較具有相同標籤的階層的比例。

繪製旭日圖

plotly 的 **go.Sunburst** 函數可繪製旭日圖（**程式 5.74**）。將位於階層構造上層（圓形圖最內層的資料）指定給參數 **parents**。

程式 5.74 旭日圖繪製範例

In

```
# 定義資料
org = [
        {"name" : "全公司", "parent" : "", "num" : 50},
        {"name" : "人事 總務部", "parent" : "全公司", "num" : 10},
        {"name" : "業務部", "parent" : "全公司", "num" : 20},
        {"name" : "第1業務室", "parent" : "業務部", "num" : 15},
        {"name" : "第2業務室", "parent" : "業務部", "num" : 5},
        {"name" : "開發部", "parent" : "全公司", "num" : 20},
        {"name" : "第1開發室", "parent" : "開發部", "num" : 10},
        {"name" : "第2開發室", "parent" : "開發部", "num" : 7},
        {"name" : "諮詢窗口", "parent" : "開發部", "num" : 3},
    ]

# 定義圖表
trace = go.Sunburst(labels=[record["name"] for record in org],
                    parents=[record["parent"] for record in org],
                    values=[record["num"] for record in org],
                    branchvalues="total",
                    outsidetextfont={"size" : 30, "color" : "#82A9DA" },
)
```

```
# 定義圖表版面
layout = go.Layout(margin=go.layout.Margin(t=0, l=0, r=0, b=0))

# 繪製圖表
plotly.offline.iplot(go.Figure([trace], layout))
```

Out

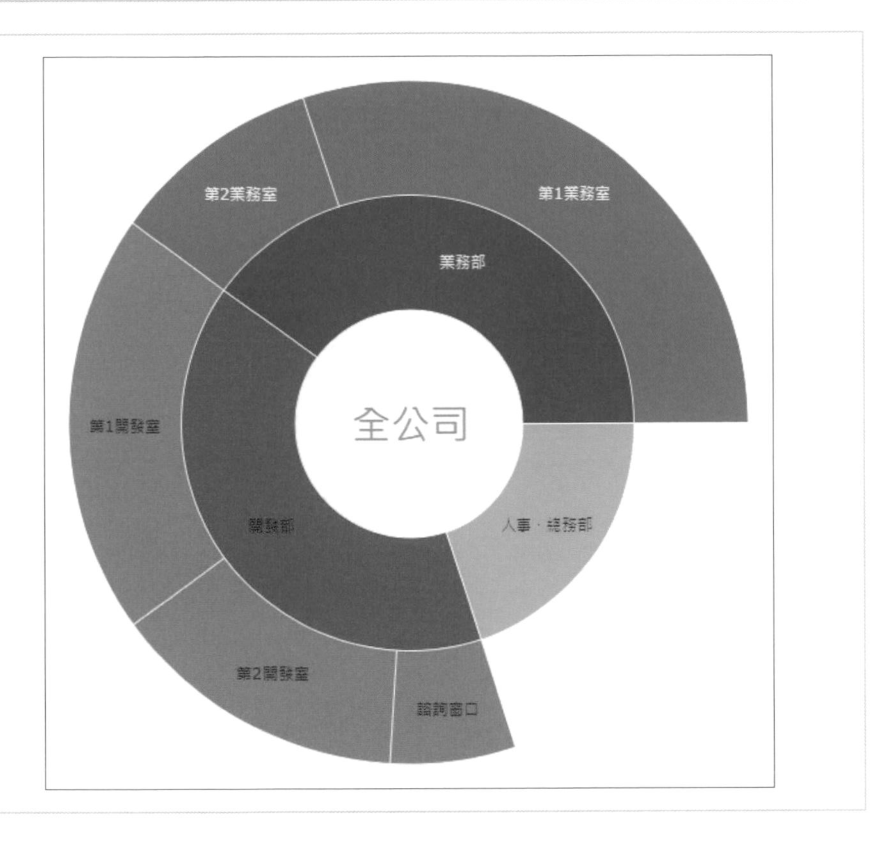

19 雷達圖

可呈現具有多種次序量尺的資料的雷達圖。

何謂雷達圖

雷達圖很適合用來呈現具有多種次序尺度的資料，例如五段式評估的問卷調查結果若使用雷達圖呈現，就能一眼看出哪些項目相對較優良（惡劣）。

繪製一個雷達圖

基本的雷達圖可使用 plotly 繪製，可將資料集、值的欄位、儲存項目名稱的欄位當成參數指定給 **px.line_polar** 函數（**程式 5.75**）。

程式 5.75 繪製一個雷達圖的範例

In

```
# 定義資料
data = [
    {"label" : "品質", "value" : 5},
    {"label" : "價格", "value" : 4},
    {"label" : "宅配", "value" : 2.7},
    {"label" : "客製化", "value" : 3.4},
    {"label" : "網站實用度", "value" : 4.3},
    {"label" : "照片與實物的一致程度", "value" : 3.5},
]

df = pd.DataFrame({
    "label" : [record["label"] for record in data],
    "value" : [record["value"] for record in data],
})

print(df)

# 定義圖表
fig = px.line_polar(df, r="value", theta="label", line_close=True)

# 定義圖表版面
fig.update_traces(fill="toself")

# 繪製圖表
fig.show()
```

Out

```
        label  value
0          品質    5.0
1          價格    4.0
2          宅配    2.7
3         客製化    3.4
4       網站實用度    4.3
5  照片與實物的一致程度    3.5
```

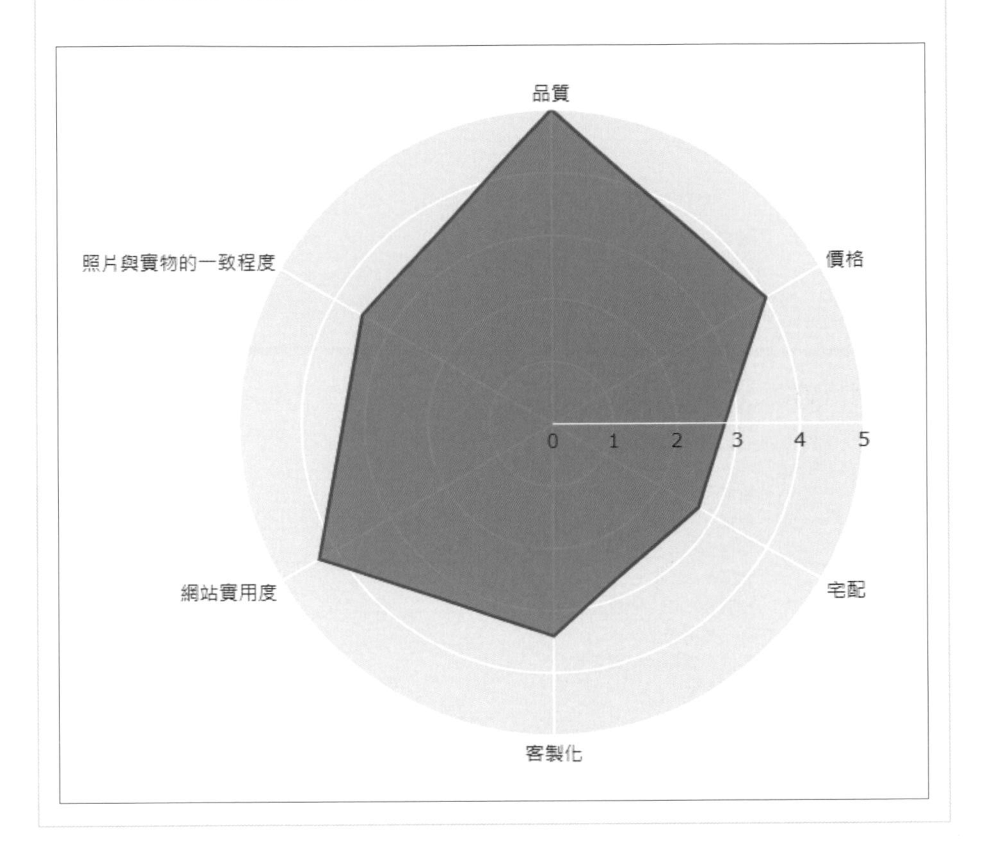

繪製重疊的雷達圖

在單一區塊重疊多個雷達圖，可快速比較同一個指標的差異。

程式 5.76 使用了 **px.line_polar** 函數繪製雷達圖，將比較對象的欄位指定給參數 **color**，就能繪製重疊的雷達圖。

程式 5.76 繪製重疊的雷達圖

In

```
# 定義資料
data = [
    {
        "姓名" : "顧客1",
        "品質" : 5,
        "價格" : 4,
        "宅配" : 2.7,
        "客製化" : 3.4,
        "網站實用度" : 4.3,
        "照片與實物的一致程度" : 3.5
    },
    {
        "姓名" : "顧客2",
        "品質" : 4,
        "價格" : 3,
        "宅配" : 4.5,
        "客製化" : 4.5,
        "網站實用度" : 1,
        "照片與實物的一致程度" : 4.5
    }
]

# 建立資料框架
df = pd.DataFrame(data).set_index("姓名")
# 調整資料框架格式
df = df.stack().rename_axis(["姓名", "label"]).reset_index() ➡
.rename(columns={0: "value" })

fig = px.line_polar(df, r="value", theta="label", color="姓名", ➡
line_close=True)
fig.show()
```

Out

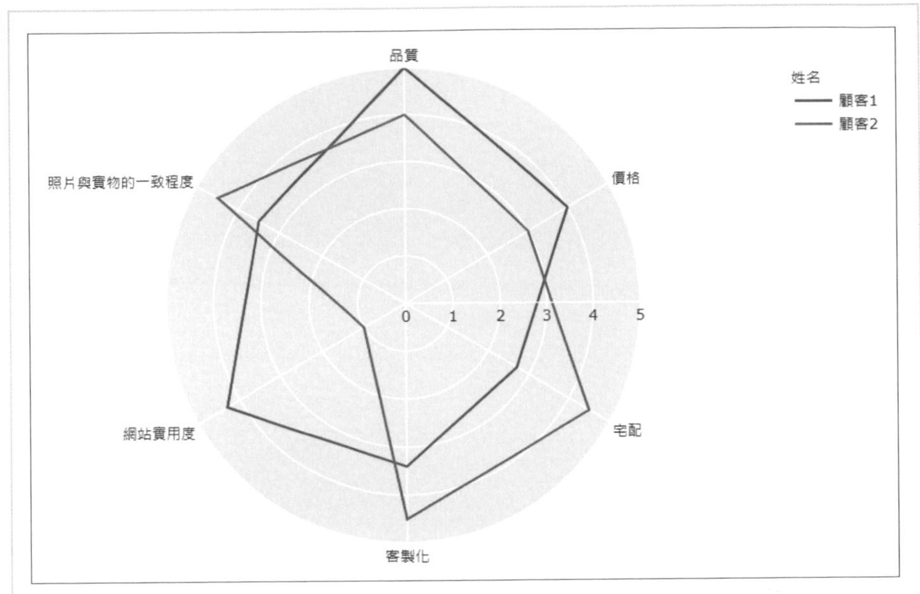

Chapter 6

定位資訊視覺化手法

介紹視覺化定位資訊的手法。

01 定位資訊的視覺化手法

本章要介紹定位資訊的視覺化手法。

對於零售業或觀光業來說，門市、店面的地理資訊非常重要，尤其現在大部分的人都會透過智慧型手機使用定位資訊服務，所以不難想像，各種產業在今後也將大量使用與定位資訊有關的資訊。

除了民間企業之外，政府機關也開始思考如何活用現有的開放資料。

開放資料的經緯度資料通常都是公開的，但只有經緯度的資料是很難有所用處，所以通常會先視覺化經緯度資料，讓這類資料變得有價值。

地圖視覺化的種類

地圖的視覺化手法有很多，例如以點、以面、以線條呈現地點，都是其中之一。

以點呈現的手法就是在地圖標出明顯的某一點，或是在地圖的某個區塊標示較密集的點，而以面呈現的手法就是框出某塊區域，以線條呈現的手法則可說明兩個地點之間的關係（**圖 6.1**）。

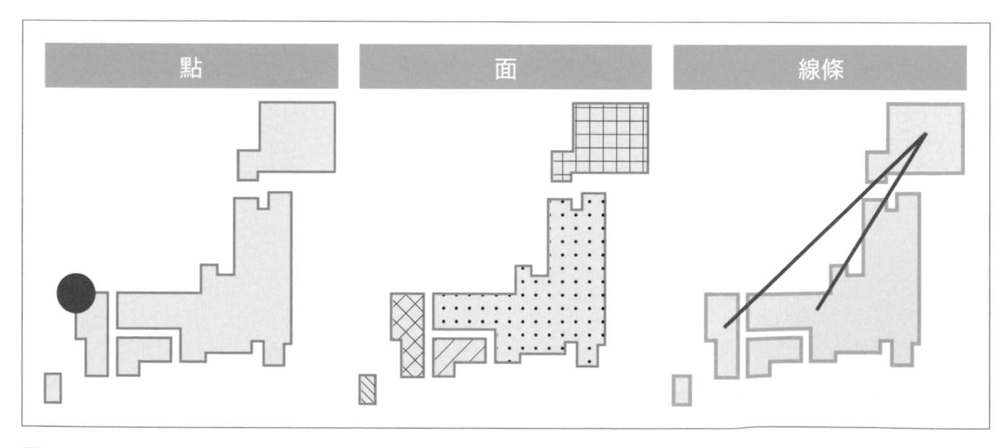

圖 6.1 以點、面、線條呈現的範例

02 地圖資訊的視覺化函式庫

介紹本章會用到的視覺化函式庫。

plotly 與 folium

plotly

第五章用來繪製各種圖表的 plotly 也可用來為世界地圖填色，所以可在比較各國資訊時使用。

不過這個函式庫沒有日本各都道府縣的資訊，所以不適合用來呈現日本的地圖資訊。

folium

若要呈現日本與其他國家的地圖資訊，folium 函式庫會比較適合，因為能快速製作分級著色圖，也能在地圖配置大頭針。

要替日本地圖填色就必須先取得日本都道府縣的行政區域資料。執筆之際，找不到可下載日本行政地區資料的網站，所以筆者自己製作了行政區域資料。

- **日本都道府縣的行政區域資訊**
  URL https://github.com/kokubonatsumi/Japanmap

作者將這份行政區域資料放在 GitHub，下載 [*1] 之後可於視覺化日本行政地區時使用。請將上面這些檔案與 Jupyter Notebook 檔案放在一起。

讓我們先載入第六章會用到的函式庫（**程式 6.1**）。

程式 6.1　載入函式庫

In

```
import plotly.express as px
import folium
import json
import pandas as pd
from branca.colormap import linear
from folium.plugins import HeatMap
```

*1　要下載 GitHub 的檔案時，請從「Code」點選「Download ZIP」，接著解壓縮下載的檔案。本書使用的是「prefs_064」資料夾裡的檔案。

03 分區標色的世界地圖

介紹替世界地圖填色的方法。

本章是以 FireFox 這個瀏覽器執行範例檔，若無法顯示結果，請確認瀏覽器的種類。

接著要利用 folium 替世界地圖填色。

要替世界地圖填色就需要世界各國的疆界資訊。請大家從下列的網站下載相關資訊。

- **Annotated geo-json geometry files for the world**

  URL https://github.com/johan/world.geo.json

從上述的資源庫下載檔案之後，將這些檔案與 Jupyter Notebook 的檔案放在一起。

接著讓我們根據 plotly 的 2007 年世界各國人均 GDP 資料替世界地圖標示（列表 6.2）。

程式 6.2 plotly 的 2007 年世界各國人均 GDP 資料

In

```
gapminder = px.data.gapminder().query("year == 2007")
gapminder
```

Out

	country	continent	year	lifeExp	pop	gdpPercap	iso_alpha	iso_num
11	Afghanistan	Asia	2007	43.828	31889923	974.580338	AFG	4
23	Albania	Europe	2007	76.423	3600523	5937.029526	ALB	8
35	Algeria	Africa	2007	72.301	33333216	6223.367465	DZA	12
47	Angola	Africa	2007	42.731	12420476	4797.231267	AGO	24
59	Argentina	Americas	2007	75.320	40301927	12779.379640	ARG	32
...	...	...	...	...	...	...	...	...
1655	Vietnam	Asia	2007	74.249	85262356	2441.576404	VNM	704
1667	West Bank and Gaza	Asia	2007	73.422	4018332	3025.349798	PSE	275
1679	Yemen, Rep.	Asia	2007	62.698	22211743	2280.769906	YEM	887
1691	Zambia	Africa	2007	42.384	11746035	1271.211593	ZMB	894
1703	Zimbabwe	Africa	2007	43.487	12311143	469.709298	ZWE	716

142 rows × 8 columns

世界地圖的分區標色會以 folium 進行（**程式 6.3**）。原始的地圖會以 **folium.Map** 函數指定。

folium.Choropleth 函數定義了各國疆界的視覺化資訊，而各國疆界的資訊則會從剛剛下載的 **countries.geo.json** 檔案取得。

參數 **data** 指定的是視覺化所需的資料，參數 **columns** 則指定了用於標色的欄位。

參數 **key_on** 指定了 **counties.geo.json** 檔案的各國資訊，參數 **fill_color** 則指定了填色所需的調色盤。

程式 6.3　根據世界各國人均 GDP 標色的範例

In

```
base_map = folium.Map(location=[50, 0],zoom_start=1.8)

# 新增 Choropleth
folium.Choropleth(
    geo_data=json.load(open("countries.geo.json"," r")),
    data=gapminder,                                  使用的資料
    fill_opacity=1,                                  填色的透明度
    line_color = "black",                            邊界顏色
    nan_fill_color=" #888888",                       遺漏值的填色
    columns = ["iso_alpha", "gdpPercap"],            填色所需的 Key 與欄位名稱
    key_on = "feature.id",                           與資料對應的 geo.json 的 Key
    fill_color = "PuRd",                             與資料對應的 geo.json 的 Key
).add_to(base_map)

base_map
```

Out

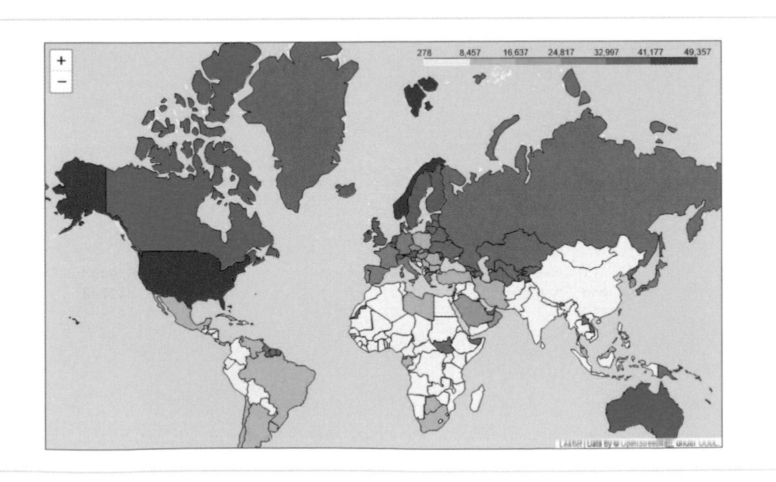

MEMO 製作地球儀

接著介紹 plotly 特有的動態視覺化範例，也就是在地球儀追加資訊的方法。

執行**程式 6.4** 就能將地圖轉化成地球儀，之後還能利用滑鼠轉動地球儀。

如果將這個地球儀印出來，通常看不到地球的另一面，所以這個地球儀的用途其實有限，不過，卻是一個能在電腦上面享受操作樂趣的視覺化手法。

程式 6.4 將地圖資料繪製成地球儀的範例

In

```
gapminder = px.data.gapminder().query("year == 2007")
fig = px.scatter_geo(gapminder, locations=" iso_alpha", color=" continent",
                     hover_name=" country", size=" pop",
                     projection=" orthographic")
fig.show()
```

Out

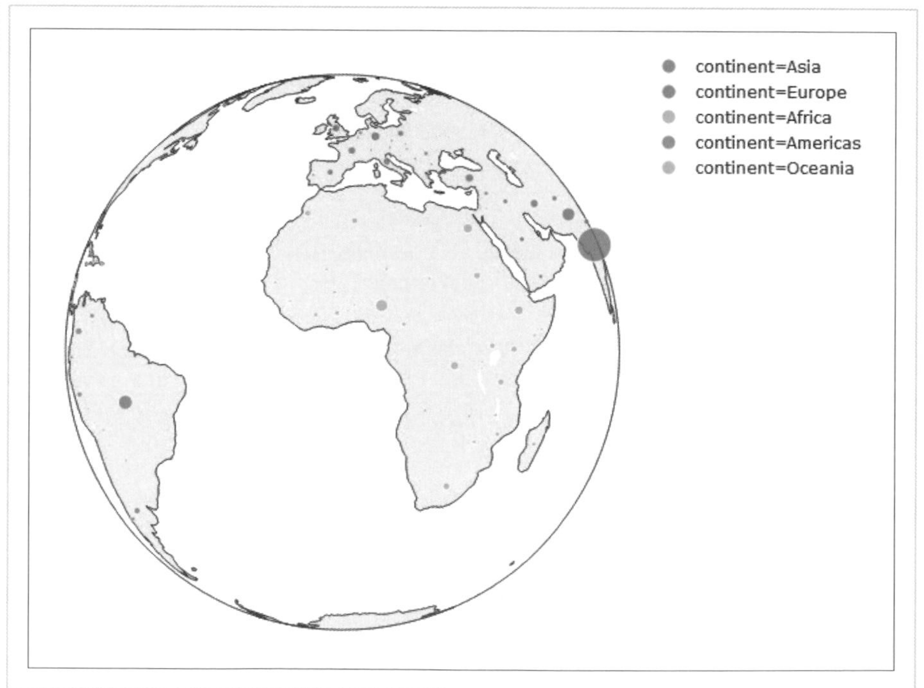

04 分區標色的日本地圖

為大家介紹替日本地圖分區標色的方法。

有時候會遇到必須在地圖標註資料的時候。
所以接下來為大家介紹在日本地圖標註資料的方法。

日本都道府縣的資訊

在此為大家介紹替日本都道府縣標記顏色的方法。

由於是根據行政區域標記顏色，所以需要都道府縣的資訊。

第一步，先利用 **folium.Map** 函數定義地圖，接著利用 **folium.Choropleth** 函數定義分級著色圖（**程式 6.5**）。這次會使用從 GitHub 下載的「prefs_064」資料夾的檔案（**Japan.geojson**）。

程式 6.5　繪製都道府縣行政區域的範例

In

```
# 定義基礎地圖
base_map = folium.Map(location=[35.655616, 139.338853], zoom_start=5.0)
# 新增 Choropleth
folium.Choropleth(geo_data=json.load(open("prefs_064/Japan.geojson", "r")),
folium.Choropleth(geo_data=json.load(open("prefs_064/TWN.geo.json", "r")),
                  fill_color=" red",          ← 填色
                  fill_opacity=0.3,           ← 填色的透明度
                  line_color=" black",        ← 邊界線顏色
                  line_weight=1               ← 邊界線粗細
).add_to(base_map)
base_map
```

Out

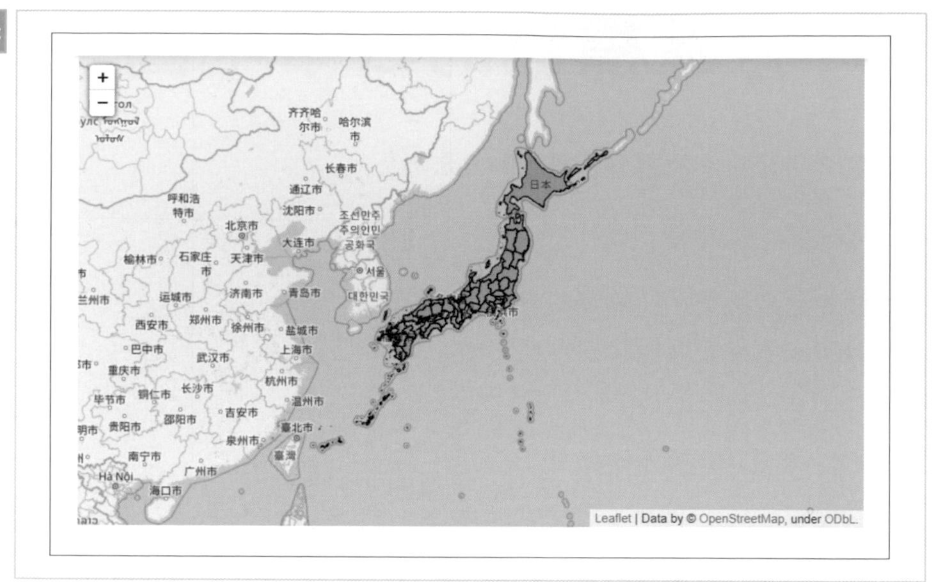
+
−
齐齐哈尔市
哈尔滨市
长春市
通辽市
呼和浩特市
沈阳市
北京市
大连市
조선민주주의인민공화국
天津市
石家庄市
榆林市
서울
兰州市
运城市
济南市
青岛市
대한민국
西安市
郑州市
徐州市
盐城市
巴中市
武汉市
上海市
重庆市
杭州市
毕节市
铜仁市
长沙市
温州市
贵阳市
邵阳市
吉安市
臺北市
泉州市
臺灣
南宁市
广州市
Hà Nội
海口市
日本
Leaflet | Data by © OpenStreetMap, under ODbL.

05 日本都道府縣標色地圖

根據資料替日本的都道府縣標色的方法。

要根據都道府縣的值替這些地區標上不同的顏色，必須先載入都道府縣的值，再將這些值轉換成資料框架。

都道府縣的值存放在範例檔中的「japan_pop.csv」這個檔案裡頭，請將這個檔案放在 Jupyter Notebook 的資料夾。

要利用 folium 操作地圖資訊時，一定要先利用 **folium.Map** 函數呼叫基礎地圖，接著將資料框架指定給 **folium.Choropleth** 函數的參數 **data**（**程式 6.6**）。

程式 6.6　根據資料框架的值替日本的都道府縣標色的範例

In

```
# 載入資料
df = pd.read_csv("japan_pop.csv")
# 定義基礎地圖
base_map = folium.Map(location=[35.655616, 139.338853], zoom_start=5.0)
# 新增 Choropleth
folium.Choropleth(geo_data=json.load(open("prefs_064/Japan.geojson", "r")),
                  data=df,                                   都道府縣的資料
                  columns=["name", "value"],                 用於填色的 Key 與欄位名稱
                  key_on=" feature.properties.name",         geojson 的行政區域的 Key
                  fill_color='PuRd'                          填色的調色盤
).add_to(base_map)
base_map
```

Out

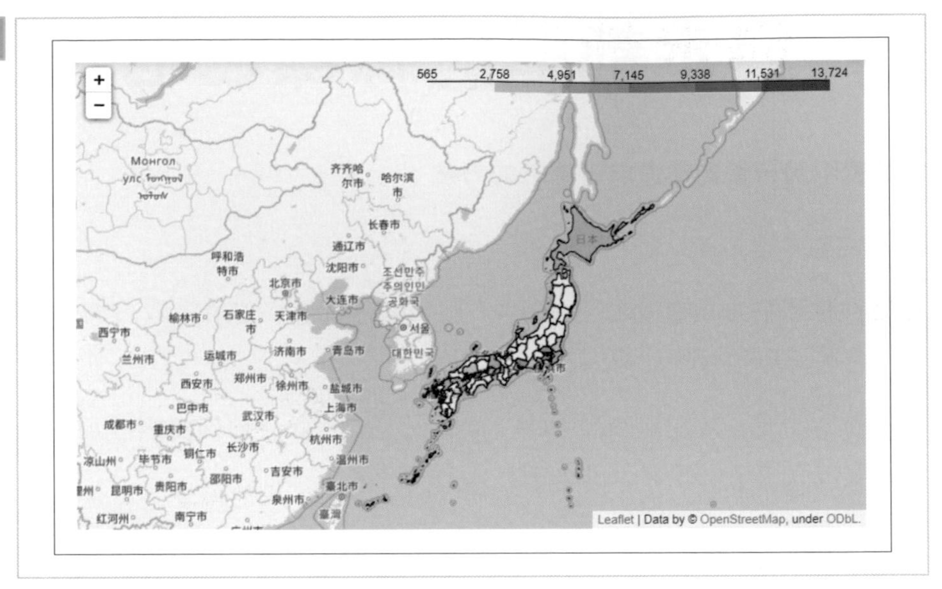
565
2,758
4,951
7,145
9,338
11,531
13,724
Монгол
齐齐哈尔市
哈尔滨市
长春市
通辽市
呼和浩特市
沈阳市
북京市
大连市
石家庄市
天津市
榆林市
西宁市
兰州市
运城市
济南市
青岛市
서울
대한민국
西安市
郑州市
徐州市
盐城市
巴中市
上海市
武汉市
成都市
重庆市
杭州市
长沙市
温州市
凉山州
毕节市
铜仁市
吉安市
昆明市
贵阳市
邵阳市
臺北市
泉州市
红河州
南宁市
日本
Leaflet | Data by © OpenStreetMap, under ODbL.

06 顯示地圖點資訊

介紹顯示地圖點資訊的方法。

這是根據經緯度在地圖顯示一個或多個定位資訊的方法。

在單一地點標註符號

這是在地圖標點的方法，很常用來標記公司位置或物流據點。

要在地圖標記符號可使用 **folium.Marker** 函數。參數 **location** 可指定為經緯度，**add_to** 函數可在 **map** 追加符號（**程式 6.7**）。

程式 6.7　在地圖某一點標記符號的範例

In

```
map = folium.Map(location=[35.702083, 139.745023], zoom_start=13)
# 標記符號
folium.Marker(location= [35.685175,139.7528]).add_to(map)
map
```

Out

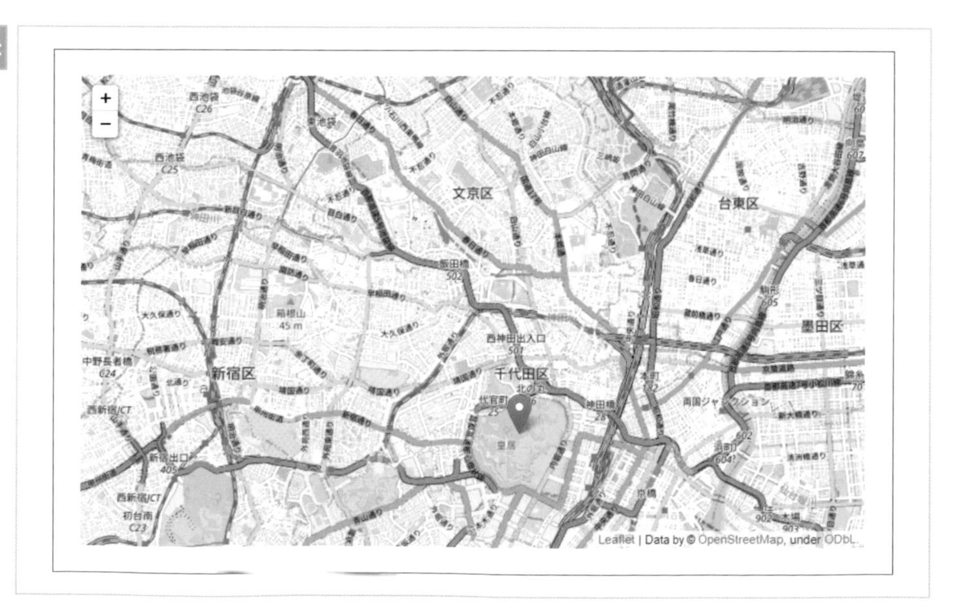

地圖種類

利用 **folium.Map** 函數的參數 **tiles** 指定地圖種類，可變更作為底圖的地圖種類。

可指定的地圖種類有很多種，而 **cartodbpositron** 或 **Stamen Toner** 這種較為單純的地圖比較適合在不需要過多地理資訊的時候使用。預設的地圖種類含有較多資訊，若不需要那麼多資訊可指定為上述較單純的地圖，也比較方便瀏覽（**程式 6.8**、**6.9**）。

參數 **zoom_start** 為地圖的放大等級，數值越小，地圖的涵蓋範圍越大，反之，數值越大，地圖的涵蓋範圍越小。

程式 6.8 將作為底圖的地圖設定為 cartodbpositron 的範例

In
```
map = folium.Map(location=[35.702083, 139.745023],
                 tiles=" cartodbpositron", zoom_start=10)
# 標記符號
folium.Marker(location=[35.685175, 139.7528]).add_to(map)
map
```

Out

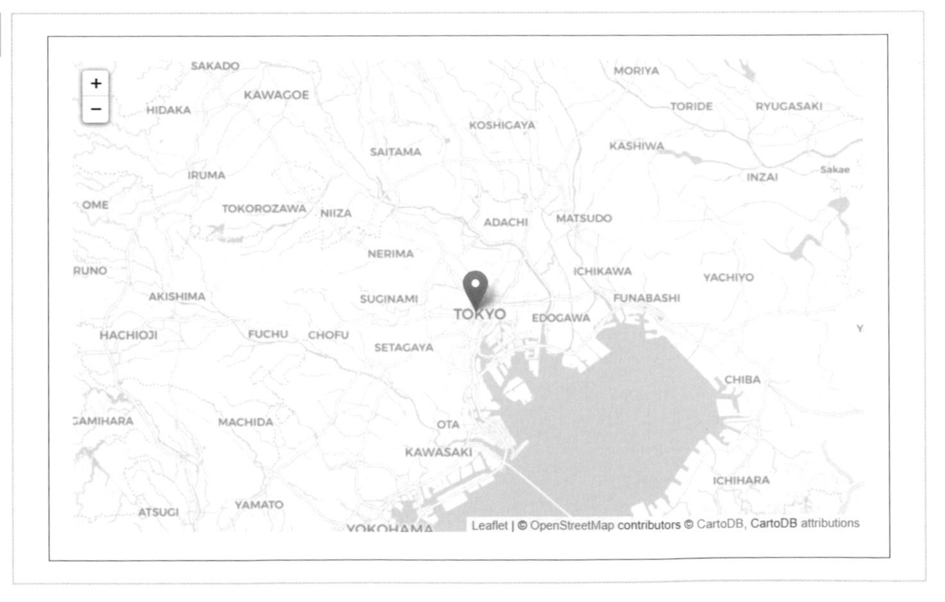

程式 6.9 將作為底圖的地圖設定為 Stamen Toner 的範例

In

```
map = folium.Map(location=[35.702083, 139.745023],
                 tiles=" Stamen Toner", zoom_start=10)
# 標記符號
folium.Marker(location=[35.685175, 139.7528]).add_to(map)
map
```

Out

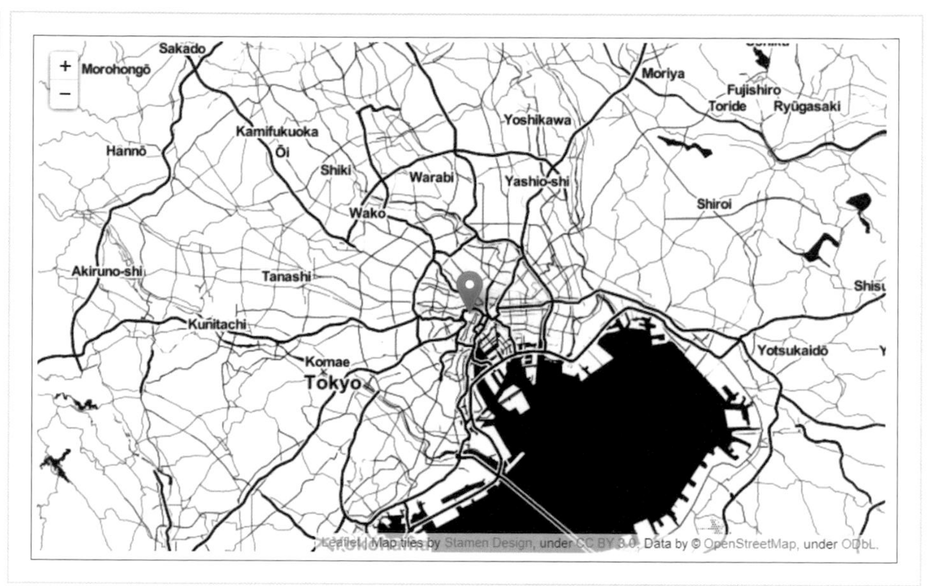

在一張地圖標記多個符號

若同時擁有多個門市時，就有可能需要在一張地圖標記多個地點的資訊。

調整指定給參數 **location** 的經緯度資訊與重複執行 **folium.Marker** 函數，就能在同一張地圖繪製多個符號。

接著為大家介紹繪製兩個地點的範例（**程式 6.10**）。

程式 6.10 在兩個地點標記符號的範例

In

```
map = folium.Map(location=[35.702083, 139.745023], tiles=" ➡
cartodbpositron", zoom_start=13)
# 標記符號
folium.Marker(location=[35.685175, 139.7528]).add_to(map)   ← 第一個地點的經緯度

folium.Marker(location=[35.699861, 139.763889]).add_to(map)   ← 第二個地點的經緯度

map
```

Out

07 在地圖繪製大小不同的圓形

介紹在地圖繪製圓形的方法。

前一節的符號範例是以點呈現資訊，但是當這些點具有數量資訊時，就可以使用圓形呈現位置與數量這兩種資訊。

比方說，利用圓形的大小說明門市的銷售量，就能同時說明門市的位置與銷售量的多寡。

接下來示範在車站內設有門市，而門市位置與銷售量（**amount**）各異時，說明門市狀況的方法。

首先要先準備門市的經緯度與銷售量的資料（**程式 6.11**）。資料建立完成後，接著要利用 **folium.Circle** 函數在地圖繪製圓形。參數 **location** 則可用來指定經緯度，參數 **radius** 則可指定圓形的大小（**程式 6.12**）。

程式 6.11 定義資料

In

```
stations = [
    {
        "name" : "Shinjuku", "lat" : 35.690921, "lon" : 139.700257,
        "amount" : 778618,
    },
    {
        "name" : "Ikebukuro", "lat" : 35.728926, "lon" : 139.71038,
        "amount" : 566516,
    },
    {
        "name" : "Tokyo", "lat" : 35.681382, "lon" : 139.766083,
        "amount" : 452549,
    },
    {
        "name" : "Yurakucho", "lat" : 35.675069, "lon" : 139.763328,
        "amount" : 169943,
    },
    {
```

```
        "name" : "Kanda", "lat" : 35.69169, "lon" : 139.770883,
        "amount" : 103940,
    },
    {
        "name" : "Bakurocho", "lat" : 35.693361, "lon" : 139.782389,
        "amount" : 25784,
    },
    {
        "name" : "Etchujima", "lat" : 35.667944, "lon" : 139.792694,
        "amount" : 5502,
    }
]

stations_df = pd.DataFrame(stations)
stations_df
```

In

	name	lat	lon	amount
0	Shinjuku	35.690921	139.700257	778618
1	Ikebukuro	35.728926	139.710380	566516
2	Tokyo	35.681382	139.766083	452549
3	Yurakucho	35.675069	139.763328	169943
4	Kanda	35.691690	139.770883	103940
5	Bakurocho	35.693361	139.782389	25784
6	Etchujima	35.667944	139.792694	5502

程式 6.12 在地圖繪製圓形的範例

In

```
# 以銷售量最少的車站為銷售量基準
base_amount = min(stations_df["amount"])

# 圓形的縮放倍率
scale = 10

# 定義地圖
map = folium.Map(location=[35.702083, 139.745023], zoom_start=11)

# 利用圓形說明銷售量
for index, row in stations_df.iterrows():
    location = (row["lat"], row["lon"])    # 座標
    radius = scale * (row["amount"] / base_amount) # 圓形的大小
    # 在地圖新增圓形
    folium.Circle(location=location,
                  radius=radius,
                  color=" darkblue",
                  fill_color=" darkblue",
                  popup=row["name"]
    ).add_to(map)
map
```

- location=location：地點的經緯度
- radius=radius：圓形的大小
- color：圓形的顏色
- fill_color：圓形的填色
- popup：於滑鼠移入之際顯示的項目

Out

戸田市
川口市
草加市
三郷市
新座市
和光市
板橋区
足立区
松戸市
村山市
東久留米市
練馬区
北区
葛飾区
西東京市
荒川区
市川市
中野区
文京区
台東区
武蔵野市
小金井市
杉並区
新宿区
千代田区
墨田区
船橋市
三鷹市
江戸川区
調布市
渋谷区
中央区
世田谷区
江東区
浦安市
稲城市
狛江市
港区
目黒区
品川区
Leaflet | Data by © OpenStreetMap, under ODbL.

08 在地圖繪製熱圖

介紹在地圖繪製熱圖的方法。

在地圖繪製熱圖是一種利用顏色在地圖說明數值大小的視覺手法。

想呈現某些相連的地區具有同一屬性的資訊時，會觀察幾個地點的資訊，再將這些資訊轉換成熱圖。

定位資訊使用的是前一節的資料，而熱圖則利用 **HeatMap** 函數定義。參數 **radius** 則代表半徑的像素大小（**程式 6.13**）。

程式 6.13 在地圖繪製熱圖的範例

In

```
# 定義地圖
map = folium.Map(location=[35.681382, 139.766083],
                 tiles=" cartodbpositron", zoom_start=11)

# 根據經緯度資訊在地圖繪製熱圖
map.add_child(HeatMap(stations_df[["lat", "lon"]], radius=70))
map
```

Out

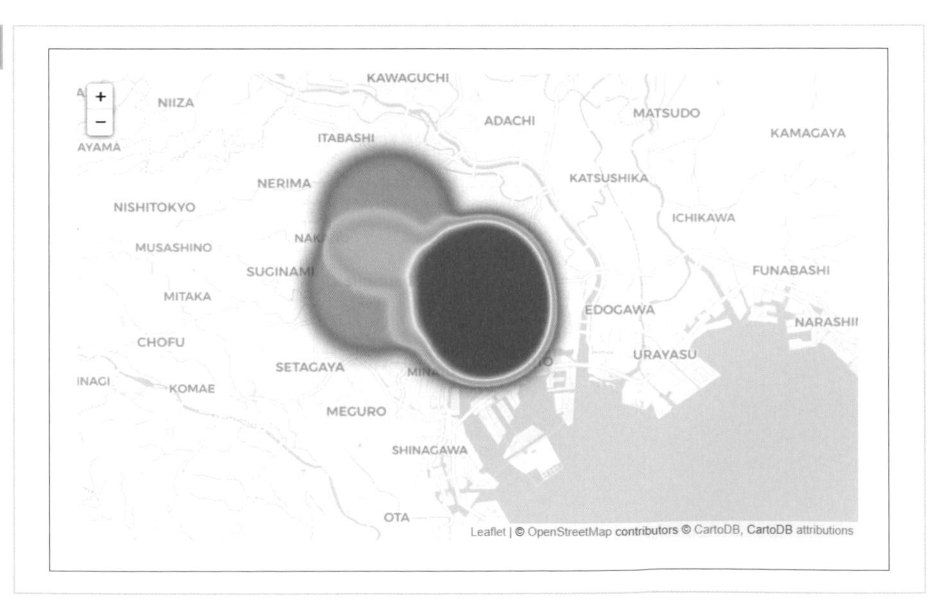

09 變更符號的種類

介紹地圖繪製點資訊的時候，變更符號種類的方法。

執行 **folium.Marker** 函數，會以預設的符號在地圖標記位置，但其實能使用的符號種類並不多。

如果想要變更符號種類，就必須直接在地圖配置圖片，但這個做法也稍微複雜一點。在此示範配置 ATM 的符號（ATM_icon.png）。

本書使用的 ATM 圖示是從 ICOOON MONO（URL https://icooon.mono.com/）下載的圖檔（參考 MEMO）。

下載的圖示檔案為「ATM_icon.png」，請將這個檔案與 Jupyter Notebook 的 notebook 檔案放在一起。

在地圖配置圖片其實就是在第一層的地圖上面配置第二層的圖片。第一步，先利用 **folium.Map** 函數定義作為底圖的地圖，接著執行 **map.add_child(folium.raster_layers.ImageOverlay** 函數，以便在地圖上面配置另一層圖片（**程式 6.14**）。

程式 6.14 指定在地圖顯示的符號種類

In

```
# 設定符號的圖片檔
MARKER_IMG = "original_icon\ATM_icon.png"
# 符號的透明度
OPACITY = 1
# 定義資料
stations = [
    {"name" : "Shinjuku", "lat" : 35.690921, "lon" : 139.700257},
    {"name" : "Ikebukuro", "lat" : 35.728926, "lon" : 139.71038},
    {"name" : "Tokyo", "lat" : 35.681382, "lon" : 139.766083}
]
```

In

```
# 轉換為資料框架
df = pd.DataFrame({"name" : [x["name"] for x in stations],
                   "lat"  : [x["lat"] for x in stations],
                   "lon"  : [x["lon"] for x in stations]})
# 定義地圖
map = folium.Map(location=[35.702083, 139.745023], zoom_start=13)
# 繪製圖片
dx = 0.005
dy = 0.005
for index, row in df.iterrows():
    bounds = [[row["lat"] - dx, row["lon"] - dy],
              [row["lat"] + dx, row["lon"] + dy]]
map.add_child(folium.raster_layers.ImageOverlay(MARKER_IMG,
                                                opacity=OPACITY,
                                                bounds=bounds))
map
```

Out

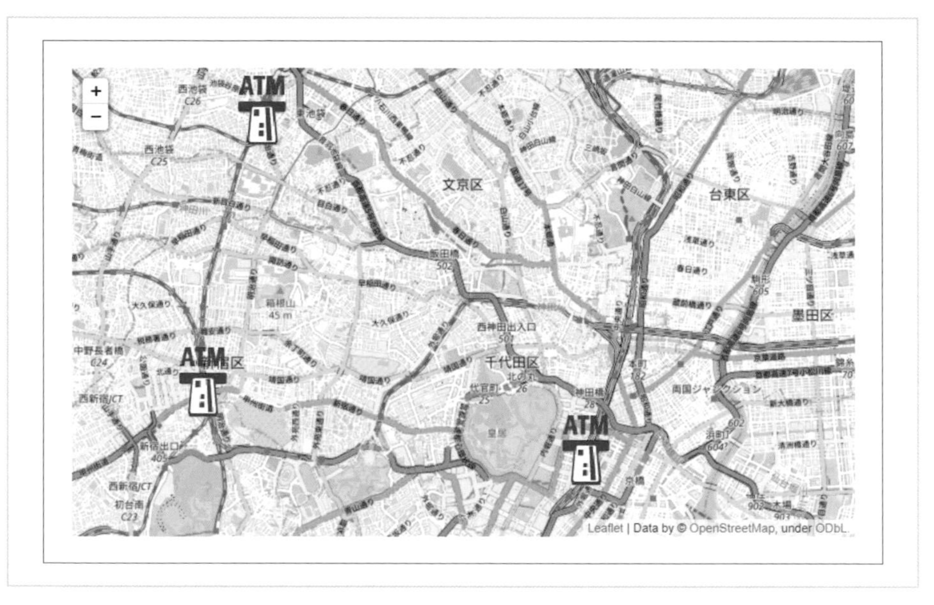

MEMO 關於從「ICOOON MONO」下載的 ATM 圖示

在「ICOOON MONO」(https://icooon-mono.com/)搜尋「atm map(地圖符號的 ATM 圖示 2)」就能下載 PNG 格式的 ATM 圖檔。之後可自行調整圖檔的顏色、大小與名稱。

第一步先將顏色從「黑色」變更為「紅色」。在 Windows 的「小畫家」打開圖片,再從功能區點選「填滿」,接著選擇「紅色」,然後點選圖片的黑色部分,將黑色改成「紅色」。接著從功能區點選「調整大小及扭曲」,在於「調整大小及扭曲」對話框設定「依照:像素」、「水平:64」、「垂直:64」,然後點選「確定」。

最後則是變更檔案名稱。從選單點選「檔案」→「另存新檔」,再儲存為「ATM_icon.png」這個檔案名稱。

10 以線條串起兩個地點

介紹在地圖上以線條串起兩個地點的方法。

以線條串起兩個地點的意義

以線條串起兩個地點可說明這兩個地點之間具有相關性。

舉例來說，這兩個地點之間有人、事、物的資訊流動。

此外，加粗兩個地點之間的線條可說明物流量的大小。

在兩個地點之間畫線

將線條的起點與終點的經緯度指定給 **folium.PolyLine** 函數的參數 **locations**，就能以線條串起地點上的兩點（**程式 6.15**）。

程式 6.15 在兩個地點之間畫線

In
```
map = folium.Map(location=[36, 137.59], zoom_start=5)

# 在地圖繪製線條
folium.PolyLine(
    locations=[
        [35.54732, 139.7726452],
        [34.7863123, 135.4355808]
    ]
).add_to(map)

# 顯示地圖
map
```

Out

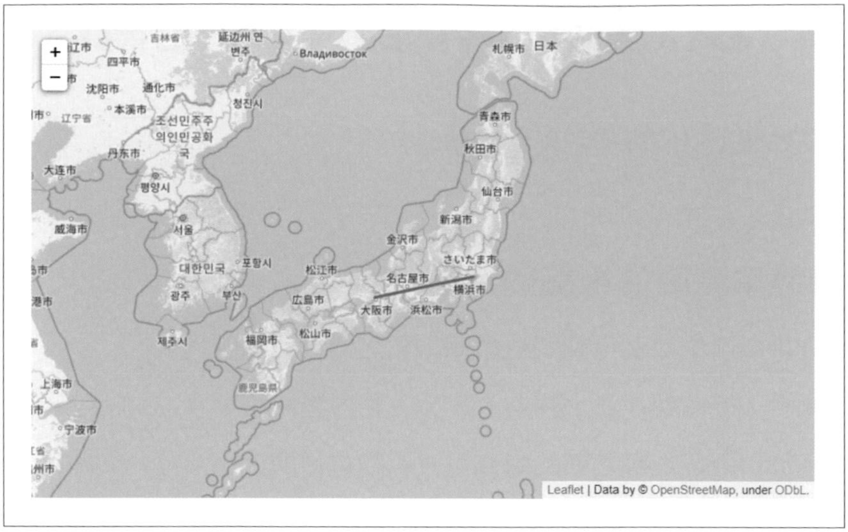

在多個地點之間畫線

folium.PolyLine 函數除了能像剛剛繪製一條線之外，也能在多個地點之間畫線。

利用 **folium.PolyLine** 函數的參數 **locations** 指定起點與終點的定位資訊，再利用參數 **weight** 指定線條的粗細，就能在兩個地點之間繪製多條粗細不同的線（**程式 6.16**）。如果想要線條粗一點，可將參數 weight 的值設定得大一點。

程式 6.16 在多個地點之間畫線的範例

In

```
# 定義起點、終點與線條的粗細
lines = [
    {
        "from" : [35.54732, 139.7726452],
        "to" : [34.7863123, 135.4355808],
        "weight" : 5
    },
    {
        "from" : [35.54732, 139.7726452],
        "to" : [26.231408, 127.685525],
        "weight" : 2
    }
]
```

第一個起點的經緯度
第一個終點的經緯度
線條粗細
第二個起點的經緯度
第二個終點的經緯度
線條粗細

In

```
# 定義地圖
map = folium.Map(location=[36, 137.59], zoom_start=5)

# 在地圖繪製線條
for line in lines:
    folium.PolyLine(
        locations=[line["from"], line["to"]],
        weight=line["weight"]
    ).add_to(map)

# 顯示地圖
map
```

Out

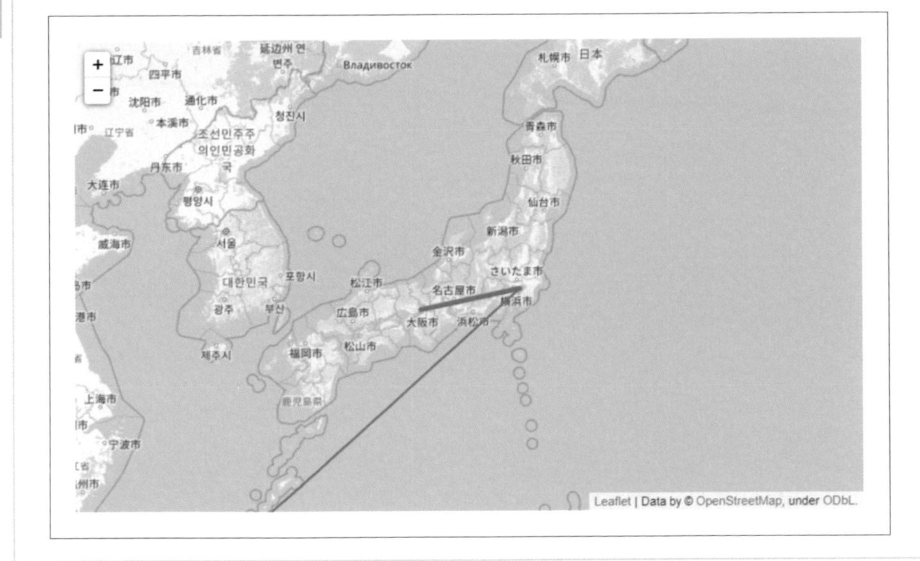

MEMO 關於地理編碼

將地址轉換成經緯度的過程稱為地理編碼。

假設定位資訊只有地址時，就必須先轉換成地理編碼。

網路上有許多轉換地理編碼的服務。

有時地址會因行政區域合併或是相關政策的影響而變更，所以可在取得定位資訊時，連同經緯度的資訊一併取得，之後才方便使用。

Chapter 7

文字資訊的視覺化手法

介紹視覺化文字資訊的文字雲。

01 繪製文字雲

介紹文書視覺化手法的文字雲。

文字雲就是「單字的集合」，也就是將單字集合成一張圖片，是一種讓文字轉換成視覺效果的手法。

利用本章介紹的函式庫繪製文字雲，就能將文章裡的單字塞進繪圖區塊，製作成一張完整的圖片，而且單字的出現頻率越高，字型就越大。

文字雲可讓我們一眼看出文章有哪些單字，幫助我們掌握文章的內容。

本章是利用 Wikipedia 的 LOVE 頁面的內容繪製英文的文字雲。

- **Wikipedia 英語版**

  URL https://en.wikipedia.org/wiki/Main_Page

- **Wikipedia 英語版：LOVE**

  URL https://en.wikipedia.org/wiki/LOVE

MEMO「LOVE 的內容」

Wikipedia 英語版：LOVE 的內容是根據下列的文獻製作而成的。

1. "Definition of Love in English" . Oxford English Dictionary. Archived from the original on 2 May 2018. Retrieved 1 May 2018.
2. "Definition of "Love" - English Dictionary" . Cambridge English Dictionary. Archived from the original on 2 May 2018. Retrieved 1 May 2018.
3. Oxford Illustrated American Dictionary (1998) Merriam-Webster Collegiate Dictionary (2000)
4. Roget's Thesaurus (1998) p. 592 and p. 639
5. "Love – Definition of love by Merriam-Webster" . merriam-webster.com. Archived from the original on 12 January 2012. Retrieved 14 December 2011.
6. Fromm, Erich; The Art of Loving, Harper Perennial (1956), Original English Version, ISBN 978-0-06-095828-2
7. "Article On Love" . Archived from the original on 30 May 2012. Retrieved 13 September 2011.
8. Helen Fisher. Why We Love: the nature and chemistry of romantic love. 2004.
9. https://www.huffpost.com/entry/what-is-love-a-philosophy_b_5697322
10. Liddell and Scott: φιλ α Archived 3 January 2017 at the Wayback Machine
11. Mascaró, Juan (2003). The Bhagavad Gita. Penguin Classics. Penguin. ISBN 978-0-14-044918-1. (J.Mascaró, translator)

02 視覺化文字資訊所需的函式庫

介紹繪製文字雲所需的函式庫。

wordcloud

要繪製文字雲會使用 wordcloud 函式庫。

wordcloud 可將以空白字元間隔的字串辨識為單字，再製作成文字雲。

英文文章的單字會以空白字元作為間隔，所以只要是以英文寫成的文章就能輕鬆轉換成文字雲。

此外，若是中文的文章，就必須先轉換成以空白字元間隔單字的格式。

janome

janome 是剖析語言形態素的函式庫。

所謂「剖析形態素」是指從文章擷取單字，再分析這些單字屬於哪些種類（名詞或動詞）的過程。

繪製中文文字雲時，會先使用這個函式庫將文章切割成多個單字。

第一步，先依照程式 7.1 的方法載入函式庫。

程式 7.1　載入第 7 章所需的函式庫

In

```
%matplotlib inline
import wordcloud
import matplotlib.pyplot as plt
import numpy as np
from janome.tokenizer import Tokenizer
from PIL import Image
import pandas as pd
```

03 繪製英文的文字雲

介紹以 wordcloud 函式庫繪製英文文字雲的方法。

讓我們試著將英文文章繪製成文字雲。

第一步要先將英文文章轉換成繪製文字雲所需的資料。

文字雲可透過 **wordcloud.WordCloud** 類別設定。**WordCloud** 類別的參數 **width** 可設定文字雲的寬度，參數 **height** 可設定高度，參數 **background_color** 可設定背景色。

generate 函數可產生文字雲，參數則可指定繪製文字雲所設的文章（**程式 7.2**）。

程式 7.2　繪製英文文字雲的範例

In

```
# 原始文章
text_love = """ Love encompasses a range of strong and positive ➡
emotional and mental states, from the most sublime virtue or good ➡
habit, the deepest interpersonal affection and to the simplest ➡
pleasure.[1][2] An example of this range of meanings is that the ➡
love of a mother differs from the love of a spouse, which differs ➡
from the love of food. Most commonly, love refers to a feeling of ➡
strong attraction and emotional attachment.[3]
(…略) ← 繪製文字雲所需的原始文章
 consistently define, compared to other emotional states."""

wc_base = wordcloud.WordCloud(width=1000, height=600, background_
color=" white")
wc_base.generate(text_love)
plt.imshow(wc_base)
plt.axis("off")
```

Out

```
(-0.5, 999.5, 599.5, -0.5)
```

04 中文文章的視覺化手法

介紹繪製中文文字雲常見的問題。

本節要直接將以 wordcloud 函式庫繪製中文文章的文字雲。

這次使用的中文文章為青空文章的《跑吧！美樂斯》(太宰治)。

- **青空文庫**

  URL https://www.aozora.gr.jp/

- **青空文庫：跑吧！美樂斯（太宰治）**

  URL https://www.aozora.gr.jp/cards/000035/files/1567_14913.html

只要依照繪製英文文字元的步驟處理中文文章，也能繪製中文文字雲，但有時會出現程式 7.3 這種只顯示一個句子，無法順利轉換成「文字雲」的狀態。

會出現這個現象是因為中文文章的格式與英文文章不同，不會以空白字元間隔單字。

wordcloud 預設是將英文文章這種以空白字元間隔單字的文章轉換成文字雲，但中文文章的單字通常是連在一起的，直到段落結束之前，都是一個句子，所以直接將中文文章指定給 wordcloud 的話，只會顯示整篇文章，而不會顯示文字雲。

程式 7.3　繪製中文文字雲的範例（錯誤示範）

In

```
# 利用半形空白字元切割的中文文章
text_tw = """ 梅洛絲氣急敗壞。 他決定一定要除掉那個邪惡、暴虐的國王。 梅羅斯不懂 ➡
政治。 他是一個村裡的牧民。 他吹過笛子，和羊群生活過。 但他對邪惡比任何人都敏感。 而在 ➡
今天黎明前，梅洛斯就離開了他的村莊，翻過田野，越過山巒，來到了十里外的錫拉庫扎城。 他沒 ➡
有父親，沒有母親，也沒有妻子。 他沒有妻子。 他和靦腆的十六歲的妹妹住在一起。 妹妹要從村 ➡
裡接來一個新郎，是個守規矩的牧民，很快就要結婚了。 婚禮就在眼前。 他大老遠跑來，就是為了 ➡
買新娘的衣服和宴席。 他先買了貨，然後在京城的主要街道上逛了一圈。 梅羅斯有一個高蹺的朋友。
他就是塞利南提斯。 他現在是雪城這座城市的石匠。 我要去拜訪這位朋友。 好久不見，我很期待 ➡
去看他。 在城市裡走來走去，梅羅斯對城市的面貌產生了懷疑。 這裡很安靜，也很荒涼。 太陽已 ➡
經落山了，城市黑漆漆的可以理解，但這不僅僅是因為夜色，整個城市顯得十分寂寞。 無憂無慮的 ➡
梅洛斯開始感到不安。 他抓住一個在街上遇到的年輕人，問他是不是發生了什麼事，因為兩年前他 ➡
來這裡的時候，大家都在唱歌，即使到了晚上，這個城市也很熱鬧。 年輕人搖搖頭，沒有回答。 ➡
他走了一會兒，遇到老人，就問了他一個問題，這次的話更加有力。 老人沒有回答。 梅羅斯用手 ➡
搖晃著老人的身體，問他更多的問題。 老人用難以捉摸的低沉聲音回答。"""

wc = wordcloud.WordCloud(width=1000,
                         height=600,
                         background_color="white",
                         font_path=r"C:\Windows\Fonts\msjh.ttc")
wc.generate(text_tw)
plt.imshow(wc)
plt.axis("off")
```

Out

```
(-0.5, 999.5, 599.5, -0.5)
```

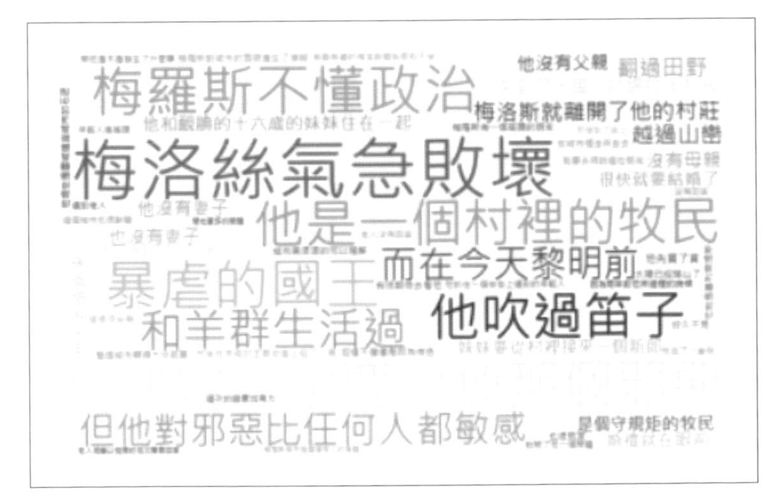

05 中文文字雲

介紹正確繪製中文文字雲的方法。

中文文章很少像英文文章以空白字元間隔單字。

以空白字元將中文文章拆成一個個單字的過程稱為「**拆寫**」。

經過拆寫的過程整後，就能將中文文章轉換成英文文章的格式，所以在此介紹拆寫中文文章的方法。

要拆寫中文文章可使用 janome 的 **tokenize** 函數（程式 7.4）。

將中文文章指定給 **tokenize** 函數的參數後，再將參數 **wakati** 指定為 **True**。

拆寫之後的結果就是下列的單字列表。

程式 7.4 文章拆寫範例

In

```
# 中文的文章
text = "" " 梅洛絲很是氣憤。 他決心要除掉這個邪惡暴虐的國王。 梅羅斯不懂政治。 ➡
梅羅斯是村裡的牧民。 他一生都在吹笛子，和羊群玩耍。(…略)
你不用這麼著急。 我慢慢走。" 說著，他又恢復了天生的慵懶，用好聽的聲音唱起了他最喜歡的小調。
他晃晃悠悠地走了兩三里路，走到半路時，一場突如其來的災難讓他停下了腳步。 看著前面的河水。
昨日的大雨已經溢出了山中的水源，渾濁的水流在下游彙集成一股洪流，一舉摧毀了大橋，迴蕩的洪 ➡
流在橋樑上彈出一片塵土。 他驚呆了，站在原地不動。 他這裡看看，那裡看看，高聲呼喚，但所有 ➡
的停泊船都被海浪衝走了，沒有擺渡人的蹤影。 目前在這裡。" " "

# 拆解中文文章
tk = Tokenizer()
wakatigaki = tk.tokenize(text, wakati=True)
print(wakatigaki)
```

Out

```
['梅', '洛', '絲很是', '氣憤', '。', ' ', '他', '決心', '要', '除', '掉這個', '邪', '惡暴虐', '的', '國',
'王', '。', ' ', '梅', '羅', '斯不懂', '政治', '。', ' ', '梅', '羅', '斯是村', '裡', '的', '牧民', '。',
' ', '他', '一生', '都', '在', '吹笛子', '，', '和', '羊', '群', '玩耍', '。', ' ', '但', '他', '對邪惡',
'比', '大', '多', '數人更', '敏感', '。', ' ', '今', '天', '黎明', '時分', '，', '梅', '羅', '斯離開',
'了', '自己', '的', '村', '莊', '，', '穿過田', '野', '和山', '林', '，', '來到了', '十', '里', '外',
'的', '這座錫', '拉庫扎', '城', '。', ' ', '他', '沒有父', '親', '，', '沒有母', '親', '，', '沒有妻',
'子', '。', ' ', '他', '沒有妻', '子', '。', ' ', '他', '和年', '僅', '16', '歲的羞', '澀妹妹', '單獨生',
'活', '。', ' ', '妹', '妹', '要', '接受', '村', '裡', '某', '位守', '法的', '牧民', '作為', '她的新',
'郎', '。', ' ', '婚', '禮即將', '舉行', '。', ' ', '因', '此', '，', '梅', '洛', '絲大老', '遠地', '來到
集', '市上', '買', '新', '娘', '的', '衣服', '和', '宴席', '。', ' ', '先', '是', '買', '了', '這些東',
'西', '，', '然', '後', '他', '就在城', '市', '的', '大', '街', '小', '巷', '裡', '轉悠', '。', ' ',
'梅', '洛', '斯有一', '個', '高', '蹺的朋', '友', '。', ' ', '他', '就是塞', '利', '農', '提', '斯',
'。', ' ', '他', '現在', '是', '錫', '拉庫扎', '市', '的', '一', '名', '石', '匠', '。', ' ', '他', '要',
'去', '看', '望', '他', '的', '朋友', '。', ' ', '很久沒', '有', '見', '到', '他', '了', '，', '所', '以
我很', '期待', '去', '看', '他', '。', ' ', '走', '著', '走', '著', '，', '梅', '洛', '斯對這', '個',
'小', '鎮產生', '了', '懷疑', '。', ' ', '它是如', '此的安', '靜', '。', ' ', '太陽', '已經落', '山',
'了', '，', '城市', '自然', '是', '一', '片', '漆', '黑', '，', '但', '這不僅', '僅是因', '為', '夜',
'晚', '，', '整', '個', '城市', '顯', '得', '十', '分', '寂寞', '。', ' ', '就連無', '憂', '無慮', '的',
'梅', '洛', '斯也開', '始', '感', '到', '不安', '。', ' ', '他', '抓', '住', '一', '個', '在', '街',
'上', '遇', '到', '的', '年', '輕人', '，', '問', '他', '是', '不', '是', '出', '了', '什麼', '事', '，',
'他', '說', '：“', '兩年前', '我', '來這個', '市場', '的', '時候', '，', '大家', '連', '晚上都', '在', '唱
歌', '，', '鎮上一', '定', '很熱鬧', '。', ' ', '年', '輕人搖', '搖頭', '，', '沒有回', '答', '。', ' ',
'走', '了', '一', '會兒', '，', '遇', '到', '老人', '，', '他用', '比較', '強硬', '的', '語', '氣問了',
'他', '一', '個', '問題', '。', ' ', '老人', '沒有回', '答', '。', ' ', '梅', '洛', '斯雙手', '搖晃著',
'老人', '的', '身', '體', '，', '問', '了', '更', '多', '的', '問題', '。', ' ', '老人', '低', '沉地回',
'答', '道', '。', '\n', '"', '王者', '殺人', '。', '\n', '"', '他', '為', '什麼', '要', '這麼做', '？',
'\n', '你說他', '心', '懷不軌', '，', '但', '沒有人', '心', '懷不軌', '。', '\n', '你殺了', '很多人',
'？', '\n', '是', '的', '，', '先', '是', '王', '嫂', '。', ' ', '然', '後', '自己', '的', '繼承人',
'。', ' ', '那麼他', '的', '妹', '妹', '。', ' ', '然', '後', '他', '姐', '姐', '的', '兒子', '。', ' ',
'然', '後', '皇后', '。', ' ', '還', '有', '他', '的', '智', '囊阿雷', '基', '斯', '。', '\n', '"',
'真', '沒想到', '啊', '！', ' ', '國', '王', '瘋了嗎', '？', '\n', '不', '，', '他', '不', '是', '。', '
', '他', '說他不', '能', '相', '信', '別人', '。', ' ', '這些天', '，', '他', '甚至懷', '疑', '臣民',
'的', '心', '，', '下', '令', '給', '那些生', '活', '稍顯浮', '誇', '的', '人', '每人一', '個人', '質',
```

完成文章的拆寫後，再依照製作英文文字雲的步驟製作文字雲（**程式 7.5**）。

tokenize 函數產生的資料不是文章而是單字列表，所以無法直接用來繪製文字雲。

要將單字列表轉換成以空白字元間隔的文章，必須使用 **" ".join (wakatigaki)**，接著將轉換之後的資料指定給 **generate** 函數就能繪製中文的文字雲。

程式 7.5 繪製中文文字雲的範例

In

```
# 利用 wordcloud 函式庫將分割完畢的文字資訊畫成文字雲
wc = wordcloud.WordCloud(width=1000,
                         height=600,
                         background_color=" white",
                         font_path=r"C:\Windows\Fonts\msjh.ttc")
wc.generate(" ".join(wakatigaki))
plt.imshow(wc)
plt.axis("off")
```

字型的檔案路徑

Out

```
(-0.5, 999.5, 599.5, -0.5)
```

只繪製名詞

wordcloud 不繪製單一文字的單字，但在中文裡，一個字也有很多意義，所以要設定成一個字也繪製的模式。

一般而言，「名詞」、「動詞」、「形容詞」的重要性會比連接詞來得多，所以這次要試著只篩選出「名詞」，作為文字雲的內容（程式 7.6）。

tokenize 函數產生的 **Token** 物件「**part_of_speech**」儲存了詞性的資訊，所以我們可透過這些資訊篩選出單字列表。單字列表建立之後，再以空白字元串起這些單字，繪製成文字雲。

對新建立的單字列表執行 **wc.generate** 函數，就能繪製出只有名詞的文字雲。

程式 7.6　就算名詞只有一個字也繪製的範例

In

```
meishi_list = []

for token in tk.tokenize(text):
    if token.part_of_speech.split(",")[0] == "名詞" :
        meishi_list.append(token.surface)
```

```
# 要讓只有一個字的單字出現必須設定 regexp
wc = wordcloud.WordCloud(width=1000,
                         height=600,
                         background_color=" white",
                         font_path=r"C:\Windows\Fonts\msjh.ttc",
                         regexp=" [\w']+")
wc.generate(" ".join(meishi_list))
plt.imshow(wc)
plt.axis("off")
```

Out

```
(-0.5, 999.5, 599.5, -0.5)
```

06 調整文字雲的形狀

介紹以喜歡的剪影繪製文字雲的方法。

wordcloud 預設的文字雲形狀為長方形，但也可依照圖片的形狀繪製文字雲。

此外，也可以變更文字雲的調色盤，所以若設定成與圖片搭配的調色盤，就能畫出令人印象深刻的文字雲。

準備圖片

第一步先準備剪影圖片。如果圖案不需要太複雜，可直接使用免費的畫圖軟體或 Microsoft PowerPoint 繪製，也可以從免費圖檔網站下載圖片。

在此使用的是圖 7.1 的愛心圖片（heart.png）。要用於繪製文字雲的圖片必須是背景全白而非透明的圖片。

本書使用的是從 ICOOON MONO（URL https://icooon-mono.com/）下載的愛心圖示（參考 MEMO）。

圖示下載完畢後，請將檔案名稱改成「heart.png」，再將檔案與 Jupyter Notebook 的 notebook 檔案放在一起。

圖 7.1　愛心圖片

MEMO 關於「愛心圖片」

從「ICOOON MONO」（URL https://icooon-mono.com/）搜尋「heart(愛心符號)」，再從圖片清單選擇「愛心符號」就能下載與本書相同的愛心圖片。

接著要依照這個愛心的形狀將 Wikipedia 的英文版「LOVE」頁面的文章（URL https://en.wikipedia.org/wiki/Love）繪製成文字雲。

第一步，先指定原始文章，接著載入作為遮罩的圖片（heart.png），然後指定底罩的背景色。遮罩圖片的邊框也可依照文字內容選擇適當的顏色（程式 7.7）。

wordcloud.WordCloud 類別的參數 **mask** 可指定遮罩圖片。為了清楚看出遮罩的形狀，可試著在遮罩加上邊框，此時可利用參數 **contour_width** 設定邊框的粗細，再利用參數 **contour_color** 設定邊框的顏色。此外，可將適合的調色盤指定給參數 **colormap**，讓文字的顏色與圖片的色調一致。

程式 7.7　愛心形狀的文字雲繪製範例

In

```
# 原始文章
text_love = """Love encompasses a range of strong and positive ➡
emotional and mental states, from the most sublime virtue or good ➡
habit, the deepest interpersonal affection and to the  simplest ➡
pleasure.[1][2] An example of this range of meanings is (…略…) ➡
unusually difficult to consistently define, compared to other ➡
emotional states."""

# 載入遮罩圖片
mask_image = np.array(Image.open("heart.png"))

# 產生以圖片作為遮罩的文字雲
wc = wordcloud.WordCloud(width=700,
                         height=700,
                         background_color=" white",
                         font_path=r"C:\Windows\Fonts\msjh.ttc",
                         mask=mask_image, contour_width=6,
                         contour_color=" pink", colormap=" plasma")
wc.generate(text_love)

# 顯示文字雲
plt.imshow(wc)
plt.axis("off")
```

Out

```
(-0.5, 561.5, 511.5, -0.5)
```

07 指定特定文字的顏色

介紹替文字雲的特定單字指定顏色的方法。

從調色盤選擇適合的文字顏色，就能繪製色調合適的文字雲，但有時候會遇到「只有企業名稱需要套用企業色彩」的情況，此時可試著變更特定單字的顏色。

若想替文字雲的特定單字指定顏色，除了指定單字與顏色之外，還可以將其他的單字設定為無彩色。

在此要試著繪製強調「The Zen of Python」這個單字的文字雲。

MEMO The Zen of Python

這是 Python 程式設計師整理的心得。
可利用下列的命令顯示（程式 7.8）。

程式 7.8 The Zen of Python

In
```
import this
```

Out
```
The Zen of Python, by Tim Peters

Beautiful is better than ugly.
Explicit is better than implicit.
Simple is better than complex.
Complex is better than complicated.
Flat is better than nested.
Sparse is better than dense.
Readability counts.
Special cases aren't special enough to break the rules.
Although practicality beats purity.
Errors should never pass silently.
Unless explicitly silenced.
In the face of ambiguity, refuse the temptation to guess.
```

```
There should be one-- and preferably only one --obvious way to do it.
Although that way may not be obvious at first unless you're Dutch.
Now is better than never.
Although never is often better than *right* now.
If the implementation is hard to explain, it's a bad idea.
If the implementation is easy to explain, it may be a good idea.
Namespaces are one honking great idea -- let's do more of those!
```

一開始先以預設值繪製文字雲，接著再執行 **wc.recolor** 函數變更文字雲的文字顏色（程式 7.4）。

接收到單字後，建立傳回該單字顏色的函數，再指定給 **wc.recolor** 函數的參數 **color_func**。

這次接收的單字有 idea 與 although，我們希望將 **idea** 設定為紅色，**although** 設定為綠色，其他單字則設定為灰色，所以這次要建立能傳回這些顏色的函數，再將函數指定給參數 **color_func**。

列表 7.9 The Zen of Python 文字雲的繪製範例

In

```
# 原始文章
text = """ The Zen of Python, by Tim Peters (…省略) """

# 產生文字雲
wc = wordcloud.WordCloud()
wc.generate(text.lower())

# 定義調色函數
def color_func(word, **kwargs):
    # 單字與顏色的對照字典
    color_dict = {"idea" : "red", "although" : "green" }
    # 設定未於字典出現的單字的顏色
    default_color = "grey"
    return color_dict.get(word, default_color)
# 執行調色函數，重新替文字上色
wc.recolor(color_func=color_func)

# 顯示文字雲
plt.imshow(wc)
plt.axis("off")
```

Out

```
(-0.5, 399.5, 199.5, -0.5)
```

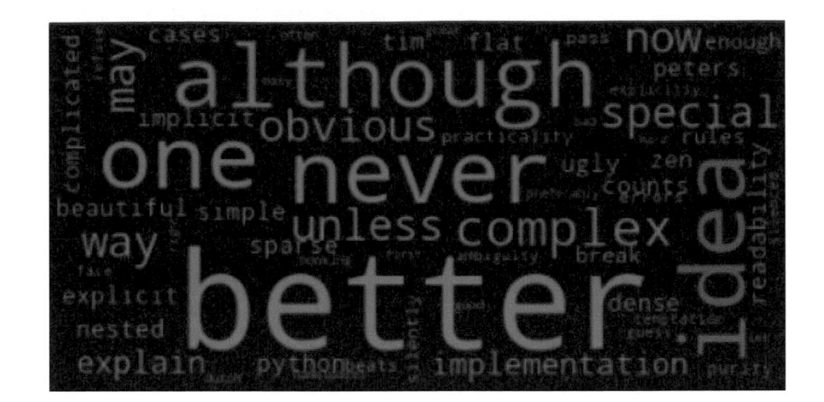

Chapter 8

資訊圖表的視覺化手法

本章要說明以圖片說明數值的「資訊圖表」的視覺化手法。

01 何謂資訊圖表

本章將為大家介紹所謂的資訊圖表。

資訊圖表特別重視外觀設計，讓資訊更能透過視覺效果呈現的視覺化手法。

大部分的資訊圖表都非常重視外觀設計，所以除了企業人士之外，也受到一般人的歡迎。

談到資訊圖表，大部分的人會先想到象形圖，而這種透過象形圖製作的資訊圖表比一般的圖表使用更簡單易懂的圖形來說明數據。

資訊圖表也是企業的公關部門向外部相關人士傳遞資訊的手法之一，而且除了企業之外，有些個人的社群網站也會利用資訊圖表傳遞資訊，藉此引人注目與營造有趣的氣氛。

02 象形圖

介紹常於資訊圖表使用的「象形圖」。

何謂象形圖

在製作資訊圖表時，有一項非常方便實用的工具，那就是「象形圖」。

所謂的象形圖就是具有特定意義的圖案文字，最大的特徵在於以簡單的圖案傳遞意義，而且大部分都是單色的（圖 8.1、圖 8.2）。

在日本常見的象形圖都符合「JIS 規格」，但就算是不符合這項規格的象形圖，只要能一眼了解意思，就適合用來製作資訊圖表。

圖 8.1　象形圖範例①

圖 8.2　象形圖範例②

MEMO　JIS 規格與 ISO 規格的象形圖

在日本，較常見的象形圖為 JIS 規格，而 ISO 規格的象形圖則是國際標準的象形圖。此外，許多 JIS 規格的象形圖同時也是 ISO 規格的象形圖。

使用的象形圖

免費的圖示

有許多提供免費圖示的網站只要求使用者遵守使用規範，使用者就能於商業用途使用圖示，也能用來製作資料。

- **ICOOON MONO**
  URL https://icooon-mono.com/

MEMO 有關本章的 05、06、07、08 節使用的圖片 ※

05 節使用的桃子圖示是從「插圖屋」（URL https://www.irasutoya.com/）下載的，只要搜尋「桃」，接著利用滑鼠右鍵從圖片清單選擇「桃子插圖」，再選擇「另存圖片」，然後儲存檔名為 fruit_momo.png，之後就能於程式使用。

06 節使用的人形圖示是從「ICOOON MONO」（URL https://icooon-mono.com）」下載的，搜尋「步行」再從圖片清單選擇，下載 PNG 格式的圖檔，再將檔名改成「human.png」就能在程式使用。

07 節使用的裙裝人形圖示是從「ICOOON MONO」（URL https://icooon-mono.com）」下載的，搜尋「woman」再從圖片清單選擇，然後下載 PNG 格式的圖檔，再將檔名改成「woman.png」就能在程式使用。

08 節使用的海豚、企鵝、曼波魚圖示是從「ICOOON MONO」（URL https://icooon-mono.com）」下載的，搜尋「dolphin」、「penguin」、「sunfish」，然後下載 PNG 格式的圖檔，再將檔名分別改成「dolphin.png」、「penguin.png」、「sunfish.png」就能在程式使用。

自行製作的圖示

如果是簡單的圖示可利用簡報軟體 PowerPoint 或小畫家這類繪圖軟體內建的圖案組成。若想自行製作圖示，記得讓長寬的長度相同，之後才比較方便使用。

※ 本章使用圖片皆可於範例檔下載，線上圖庫常有異動，請自行挑選適合圖片練習即可。

03 排列圖片的方法

介紹排列象形圖的規則。

要強調「數量」時，可依照值的大小排列多個圖案，或是調整圖片的大小。

要強調「比例」時，可調整整張圖片的顏色比例。

排列圖片的規則

要以多個圖案強調數量的多寡時，最好先將數量調整為整數，才容易閱讀。

圖 8.3 的■為「10」，若是在 10 或 100 這個整數的位置換行，讀者會比較容易掌握數字的大小。

不過這種方式不太適合用來強調 10.5 這類有小數點的數值，此時改用長條圖會是比較好的選擇。

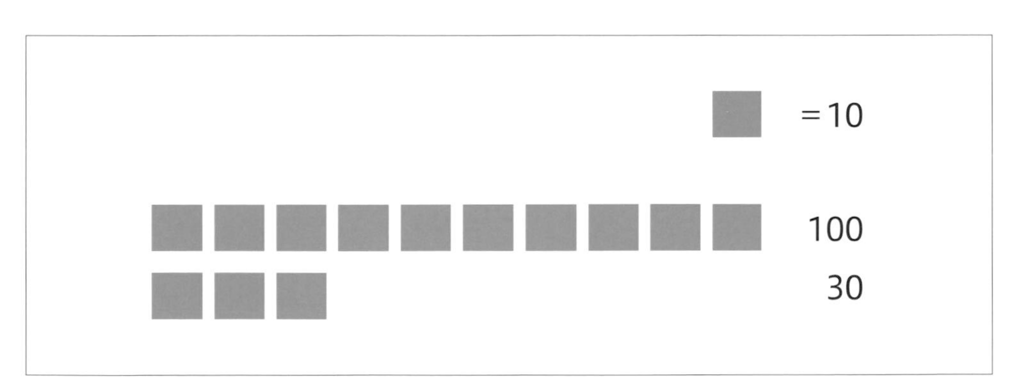

圖 8.3　利用圖示呈現數值的方法

04 用於製作資訊圖表的函式庫

介紹用於製作資訊圖表的函式庫。

操作圖片的函式庫

pillow 為操作圖片的函式庫之一，安裝之後，這個函式庫與執行 **from PIL import**，就能載入 pillow（PIL 為 Python Image Liblary 的縮寫）。

pillow 這個操作圖片的函式庫可調整圖片的大小、顏色，進行各類基本影像處理。

要使用 pillow 請先執行**程式 8.1**。

程式 8.1 載入 pillow

In

```
from PIL import Image, ImageOps
from IPython.display import display
```

05 利用圖片大小強調數量多寡

在此要介紹以圖片的大小呈現數量多寡的方法。

依照數量調整圖片的大小

數量有較大的變化時，通常會比較變化前與變化後的數量。

要利用圖片呈現數量時，必須先載入圖片。本節範例載入的是桃子圖片「fruit_momo.png」。

本書使用的是從「插圖屋」（URL https://www.irasutoya.com/）下載的桃子圖片（參考本章 02 節的 MEMO）。

檔案下載完畢後，請將檔案名稱改成「fruit_momo.png」，再與 Jupyter Notebook 的 notebook 檔案放在同一個資料夾。

要載入圖片可執行 **Image.open** 函數（程式 8.2）。要在 Notebook 顯示載入的圖片可執行 **display** 函數。

程式 8.2　載入圖片與顯示圖片的範例

In
```
im = Image.open("fruit_momo.png")
display(im)
```

Out

若想利用數值說明數量的增減時，可使用 **resize** 函數。**im.size[0]** 代表變數 **im** 儲存的圖片寬度，**im.size[1]** 代表變數 **im** 儲存的圖片高度。

假設要強調數量減少的幅度，可在圖片的高度與寬度乘上 **0.2**，讓圖片在保持長寬比的情況下縮小至 0.2 倍（**程式 8.3**）。

程式 8.3 調整圖片大小的範例

In

```
mini_im = im.resize((int(im.size[0] * 0.2), int(im.size[1] * 0.2)))
display(mini_im)
print(mini_im.size)
```

Out

```
(145, 123)
```

06 利用圖片的個數強調數量

介紹以圖片的個數強調數量的方法。

將圖片排在一起也能強調數量的多寡。舉例來說，將人形圖示排在一起，就能讓讀者一眼看出來客數。

在此使用的人形圖示為「human.png」這個檔案。

本書是從 ICOOON MONO（URL https://icooon-mono.com/）下載人形圖示（參考本書 02 節的 MEMO）。

下載完畢後，請將檔案名稱變更為「human.png」再與 Jupyter Notebook 的 notebook 檔案放在同一個資料夾。

一開始先利用 **Image.open** 函數載入要使用的圖片。

接著排列圖片。

利用 **Image.new** 函數建立空白的 **canvas** 圖片。接著對功能相當於畫布的 **canvas** 執行 **paste** 函數，將人形圖片 **im** 貼入 **canvas** 的範圍。

此時請利用圖片 **im** 的寬度（**im_width**）與圖片之間的邊界（**margin**）的總和決定每張圖片的貼入位置，圖片 **im** 就能在 **canvas** 等距排置（**程式 8.4**）。

程式 8.4 以人形圖示的個數強調數量的範例

In

```
# 要排列的圖示個數
num = 10

# 圖片之間的邊界
margin = 5
```

```
# 載入圖片
im = Image.open("human.png")
im_width, im_height = im.size

# 將圖片入作為畫布使用的 Image
canvas = Image.new("RGBA", ((im_width + margin) * num, im_height))
for i in range(num):
    canvas.paste(im, ((im_width + margin) * i, 0))

canvas
```

Out

假設要排列的圖片個數較多，可試著在「10」這種整數的位置換行。

接著為大家示範圖片超過 10 個時，在第 10 個圖片的位置換行的範例。為了決定垂直與水平的位置，要以 **margin_h** 設定水平間距的像素數，再以 **margin_v** 設定垂直間距的像素數，以便連續排列圖示（**程式 8.5**）。

程式 8.5　圖片較多時，在適當的位置換行的範例

In

```
import math

# 圖片並列個數
num = 15

# 換行位置
wrap_num = 10

# 圖片之間的邊界
margin_h = 5
margin_v = 5

# 載入圖片
im = Image.open("human.png")
im_width, im_height = im.size

# 將圖片入作為畫布使用的 Image
canvas = Image.new("RGBA", ((im_width + margin_h) * wrap_num,
                            (im_height + margin_v) * math.ceil(num /
                             wrap_num)))
```

```
for i in range(num):
    x = (im_width + margin_h) * (i % wrap_num)
    y = (im_height + margin_v) * (i // wrap_num)
    canvas.paste(im, (x, y))
canvas
```

Out

07 利用圖片強調比例

介紹以圖片強調比例的方法。

調整圖片的部分顏色是很常用來強調比例的視覺化手法。

利用單一圖片的填色強調比例

要利用單一圖片強調比例時，通常會將圖片塗成不同的顏色。

第一步，讓我們準備單色圖片。

在此使用的是背景透明的黑色人形圖片「woman.png」。

本書使用的是從 ICOOON MONO（URL https://icooon-mono.com/）下載的裙裝人形圖示（參考本章 02 節的 MEMO）。

下載完畢後，請將檔案名稱變更為「woman.png」再與 Jupyter Notebook 的 notebook 檔案放在同一個資料夾。

圖片就緒後，利用 **Image.open** 函數載入圖片（**程式 8.6**）。

程式 8.6 載入圖片

In

```
from PIL import Image, ImageOps
from IPython.display import display

im = Image.open("original_icon\woman.png")
display(im)
```

Out

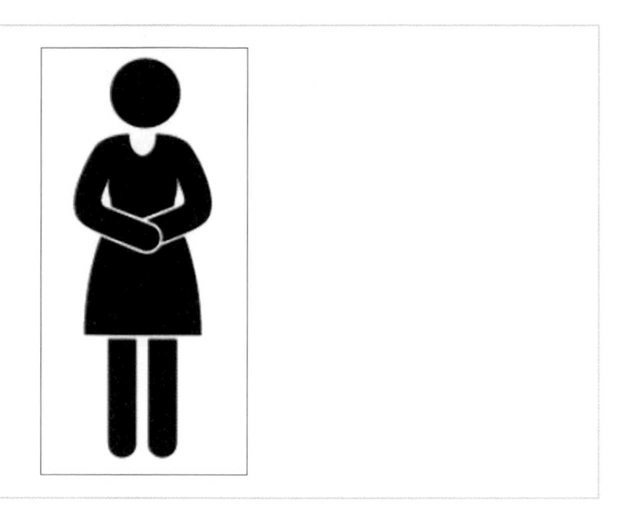

接著定義替圖片填色的 fill 函數。

這個函數會確認圖片範圍裡的每個像素，如果像素的顏色不是背景色（以 woman.png 為例，就是 RGBA 值的透明度為 0，換言之就是透明色），就將該像素調整為粉紅色（RGB 值為 **(255,200,200)**）。填色處理的範圍可由參數 **percentage** 指定。若將程式寫成 **fill(im,90)**，代表 **im** 儲存的圖片將於由下至上的 90% 範圍填入粉紅色（**程式 8.7**）。

程式 8.7 利用單一圖片的顏色強調比例的範例

In

```
def fill(image, percentage=100):
    start = int(image.size[1] / 100 * percentage)
    for y in range(image.size[1] - start, image.size[1]):
        for x in range(image.size[0]):
            if image.getpixel((x, y))[3] != 0:
                image.putpixel((x, y), (255, 200, 200))

fill(im, 90)
display(im)
```

Out

利用多張圖片的顏色差異強調比例

若要以多張圖片強調比例，可試著調整每張圖片的顏色。

比方說，總共有 10 位顧客，其中有 7 位是男性、3 位是女性時，就很適合利用這種方法說明。

接著為大家介紹讓 10 張圖片之中的 7 張圖片變成藍色，剩下的 3 張圖片變成紅色的範例。

這次用於填色的函數一樣設定為 **fill** 函數，與先前「根據比例設定圖片填色」的函數相同。

這次要利用 **fill** 函數將所有圖片裡的 7 張圖片設定為藍色（RGB 值為 **(0,0,255)**），並且將第 8 張圖片之後的圖片全部設定為紅色（RGB 值為 **(255,0,0)**）。此外，也利用變數 **margin** 定義的間隔均勻配置填色之後的圖片（**程式 8.8**）。本書使用的圖片基本上都是背景色為透明（alpha 值為 0）的圖片。

程式 8.8 利用多張圖片的顏色差異強調比例的範例

In

```
# 圖片並列個數
num = 10

# 圖片之間的邊界
margin = 5

# 以指定的顏色替圖片填色的函數
def fill(image, color=(255, 255, 255)):
    for y in range(image.size[1]):
        for x in range(image.size[0]):
            if image.getpixel((x, y))[3] != 0:
                image.putpixel((x, y), color)

# 載入圖片
im = Image.open("human.png")
im_width, im_height = im.size

# 將圖片入作為畫布使用的 Image
canvas = Image.new("RGBA", ((im_width + margin) * num, im_height))
for i in range(num):
    if i < 7:
        # 到第 7 張圖片之前的圖片都是藍色
        color = (0, 0, 255)
    else:
        # 第 7 張圖片之後的圖片都是紅色
        color = (255, 0, 0)

    # 以指定的顏色替圖片填色
    color_im = im.copy()
    fill(color_im, color)

    # 貼入圖片
    canvas.paste(color_im, ((im_width + margin) * i, 0))

canvas
```

Out

08 將圖片排列成長條圖的格式

介紹將圖片堆疊成長條圖的方法。

第 5 章介紹的長條圖很常利用長條的長度說明數值的大小。
在此要介紹以圖形取代長條，繪製資訊圖表的方法。

定義類別

首先要接收座標軸標籤、用於堆疊的圖片與堆疊個數，再利用這些資訊定義繪製圖表的類別（**程式 8.9**）。

程式 8.9　定義繪製圖表的類別

In

```
from PIL import Image, ImageDraw, ImageFont

class IconGraph:
    # 初始化的內容
    def __init__(self, data, icon_size=(128, 128), size=(800, 800),
                 back_color=(255, 255, 255),
                 label_back_color=(255, 255, 255),
                 font="C:\Windows\Fonts\msjh.ttc",
                 font_size=24, font_color=(0, 0, 0)):

        self.canvas_size = [size[0], size[1]]  # 圖表的整體大小
        self.label_field_height = 100  # 繪製標籤區塊的高度
        # 繪製圖表的範圍大小
        self.graph_size = [self.canvas_size[0],
                           self.canvas_size[1] - self.label_field_height]
        self.icon_size = icon_size  # 圖示的大小
        self.back_color = back_color  # 圖表區塊的背景色
        self.label_back_color = label_back_color  # 標籤區塊的背景色

        # 設定標籤資訊
        self.labels = []
        for d in data:
            self.labels.append(d["label"])
```

```
        # 取得 value 的最大值
        value_max = data[0]["value"]
        for d in data:
            if value_max < d["value"]:
                value_max = d["value"]

        # 儲存格的個數
        self.grid_y = value_max  # 儲存格的個數（垂直）
        self.grid_x = len(data)  # 儲存格的個數（水平）

        # 儲存格的大小
        # 單一儲存格可使用的高度
        self.grid_height = self.icon_size[1]
        # 單一儲存格可使用的寬度
        self.grid_width = self.graph_size[0] // self.grid_x

        # 距離儲存格中心點的位移量
        self.grid_med_offset = (self.grid_width // 2, self.grid_height // 2)

        # 假設圖表區塊的高度不夠就自動擴張
        if self.graph_size[1] < self.grid_height * self.grid_y:
            self.graph_size[1] = self.grid_height * self.grid_y
            self.canvas_size[1] = self.grid_height * self.grid_y \
                                  + self.label_field_height

        # 建立格點
        self.grid = [[None for i in range(self.grid_y)] \
                     for j in range(self.grid_x)]

        # 於格點新增圖片
        for x in range(len(data)):
            target = data[x]
            icon = Image.open(target["image"])
            for j in range(target["value"]):
                self.grid[x][j] = icon

        # 設定標籤的字型
        self.font = ImageFont.truetype(font, font_size)
        self.font_color = font_color

        # 繪製圖表
        self._draw()


    # 繪製圖表
    def _draw(self):
        # 建立繪製畫布與圖表的區塊
        self.canvas = Image.new("RGBA", self.canvas_size, self.label_
back_color)
        self.graph_field = Image.new("RGBA", self.graph_size, self.
back_color)
```

```
        # 在圖表區塊繪製圖示
        for x in range(len(self.grid)):
            # 計算繪製位置
            x_offset = x * self.grid_width  # 儲存格左端的座標

            # 繪製標籤
            imd = ImageDraw.Draw(self.canvas)
            # 計算標籤的大小
            label_size = imd.textsize(self.labels[x], self.font)
            # 標籤左端的座標
            label_x = x_offset + self.grid_med_offset[0] - label_
size[0] // 2

            imd.text((label_x, self.graph_size[1]), self.labels[x],
                     font=self.font, fill=self.font_color)

            # 繪製圖示
            for y in range(len(self.grid[x])):
                if self.grid[x][y] is None:
                    continue
                c_x = x_offset + self.grid_med_offset[0] \
                      - self.icon_size[0] // 2  # 圖示左端的座標
                c_y = self.graph_size[1] - (y * self.grid_height) \
                      - self.grid_height  # 圖示上緣的座標
                self.graph_field.paste(self.grid[x][y],
                                       (c_x, c_y),
                                       self.grid[x][y])

        # 將圖表區塊貼入畫布
        self.canvas.paste(self.graph_field)


    # 傳回圖表的圖片
    def get_image(self):
        return self.canvas
```

繪製以圖片代替長條的長條圖

定義**程式 8.9** 的類別之後，接著就只需執行**程式 8.10**，繪製以圖片代替長條的長條圖。

本書使用的是從 ICOOON MONO（URL https://icooon-mono.com/）下載的企鵝、海豚與曼波魚圖示（參考本章 02 節的 MEMO）。

下載完畢後，請將檔案名稱分別變更為「dolphin.png」、「penguin.png」與「sunfish.png」再與 Jupyter Notebook 的 notebook 檔案放在同一個資料夾。

由於定義了 **IconGraph** 這個類別，所以只要在 **IconGraph** 指定資料或圖片的大小，就能繪製資訊圖表。

參數 **back_color** 指定了圖表的背景色，參數 **label_back_color** 指定了標籤的背景色，而這兩種背景色都是利用 RGB 值指定。

傳遞給 **IconGraph** 類別的資料包含作為標籤的項目、圖檔名稱與圖片排列個數，而這三項資料則分別指定給 **label**、**image** 與 **value**。

要顯示繪製的圖片必須執行 **get_image** 函數（**程式 8.10**）。

程式 8.10 繪製以圖片代替長條的長條圖

In

```
# 預設圖示的大小一致
# 圖示的大小
icon_size = (128, 128)

# 整張圖表的大小（圖表的高度會自動擴張）
canvas_size = (800, 800)

# 圖表區塊的背景色
graph_back_color = (248, 255, 248)

# 標籤區塊的背景色
label_back_color = (130, 230, 180)

# 定義資料
data = [
    {
        "label" : "Dolphin",  # 標籤
        "image" : "dolphin.png",  # 用於堆疊的圖片
        "value" : 3  # 堆疊個數
    },
    {
        "label" : "Penguin",
        "image" : "penguin.png",
        "value" : 5
    },
    {
        "label" : "Sunfish",
        "image" : "sunfish.png",
        "value" : 2
    },
]
```

```
ig = IconGraph(data, icon_size, canvas_size, graph_back_color, label_
back_color)
ig.get_image()
```

Out

Appendix

如何挑選配色與調色盤

使用資料視覺化手法時，必須依照資料的性質選用適當的調色盤。
接著要在附錄為大家簡略地介紹調色方式與調色盤。

01 配色

在此為大家介紹在視覺化手法之中極為重要的配色。

如果大家曾經讀過美術或設計相關書籍，應該聽過孟塞爾表色系（Munsell Color System）的色表。孟塞爾表色系是一種量化顏色的方法，主要以「色相」、「亮度」與「飽和度」組成顏色。此外，PCCS 則是以亮度與飽和度為「色調」的顏色系統（圖 **AP1.1**）。若能先知道這些概念，就能輕鬆選出需要的調色盤。

越接近圖上方的顏色亮度越高，越接近右側的顏色則飽和度越高。

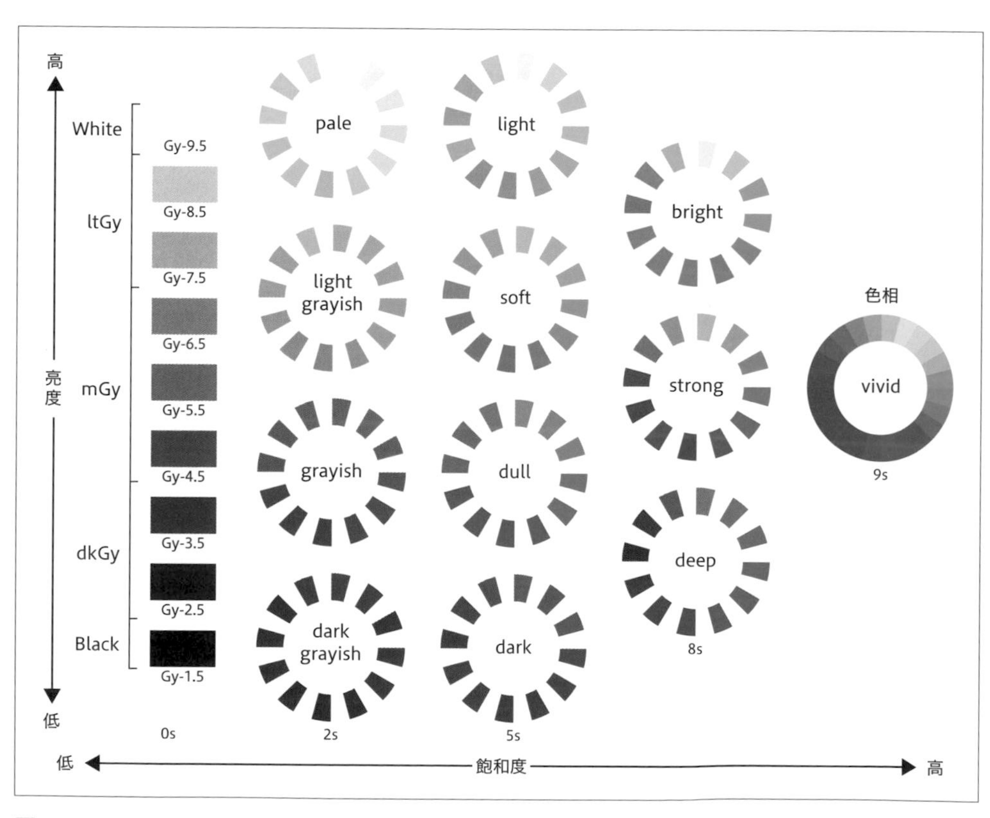

圖 AP1.1 PCCS

02 seaborn 的調色盤

接著介紹在第 5 章使用的函式庫「seaborn」。在第 5 章的時候，我們使用了這個函式庫的調色盤繪製圖表。

本書利用 seaborn 繪製了各種圖表，而本節要介紹幾個不同性質的 seaborn 調色盤。

適用於質化變數視覺化手法的調色盤

質化變數較適合使用顏色差異明顯的調色盤。

要視覺化兩個群組的質化變數時，可使用以兩種類似顏色組成的 **Paired** 調色盤（**程式 AP1.1**）。

程式 AP1.1　適用於質化變數視覺化手法的調色盤

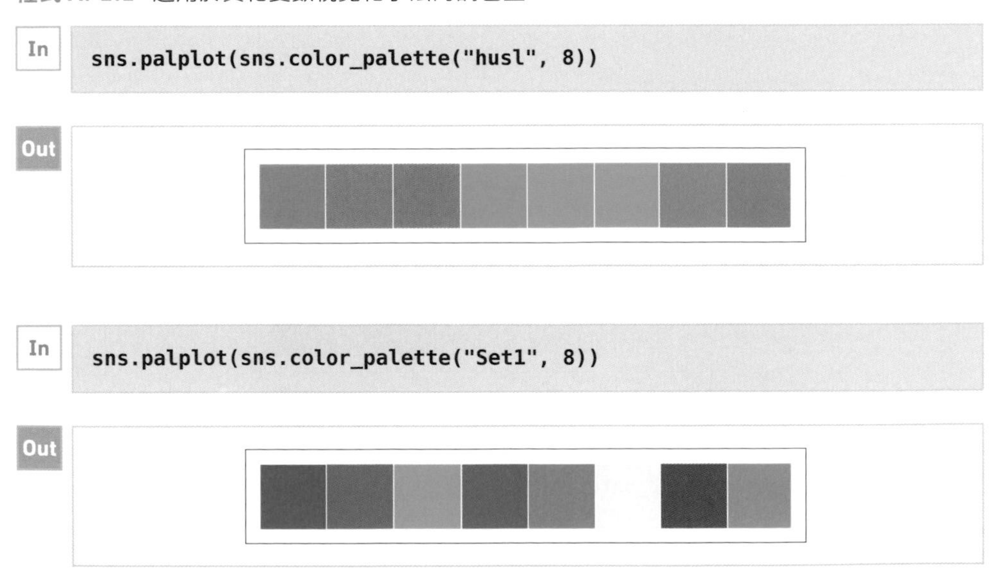

適用於量化變數視覺化手法的調色盤

量化變數可使用顏色相同，但亮度與飽和度逐步變化的調色盤（**程式 AP1.2**）。

在 **sns.color_palette** 函數的調色盤結尾加上 **_r**，就能反轉顏色的顯示順序，若是加上 **_d** 就能調暗顏色。

程式 AP1.2 適用於量化變數視覺化手法的調色盤

無彩色的調色盤

無彩色的調色盤可於需要強調色的時候使用，也可以在單色列印的時候使用。

這是以 **binary** 與 **gray** 組成無彩色的調色盤（**程式 AP1.3**）。

程式 AP1.3　無彩色的調色盤

```
sns.palplot(sns.color_palette("binary"))
```

```
sns.palplot(sns.color_palette("gray"))
```

```
sns.palplot(sns.color_palette("gist_gray_r"))
```

適用於數值分佈於基準值前後的調色盤

要以某個值為基準，取得該基準附近的值時，可使用以紅色與藍色呈現的 **RdBu** 與 **coolwarm** 的調色盤（**程式 AP1.4**）。

比方說，以 0 為中心，正值與負值呈相同分佈時，即可使用這兩個調色盤。

程式 AP1.4　適用於數值在基準值前後分佈的調色盤

```
sns.palplot(sns.color_palette("RdBu", 7))
```

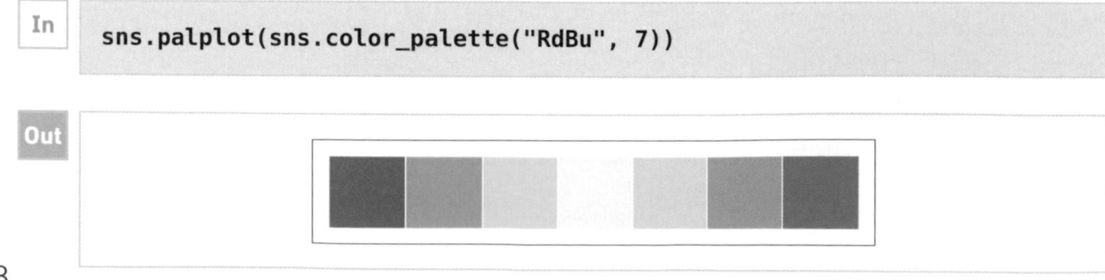

In

```
sns.palplot(sns.color_palette("coolwarm", 7))
```

Out

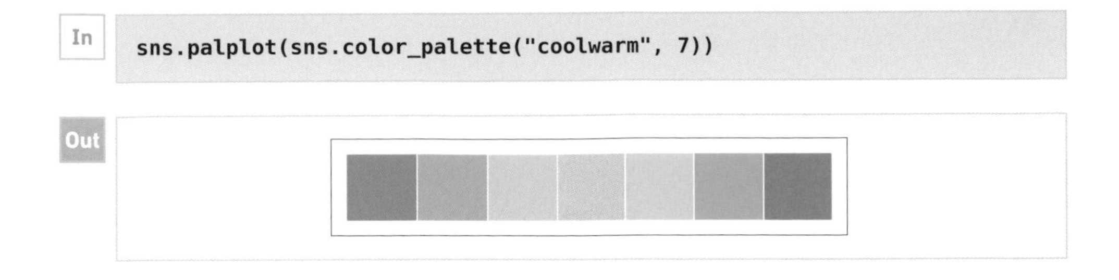

自訂調色盤的方法

也可以自訂調色盤。

自訂調色盤的好處在於可利用自家公司的企業色彩製作圖表。要自訂調色盤的時候，可利用六位數的十六進位色盤定義每個顏色（**程式 AP1.5**）。

程式 AP1.5　自訂調色盤

In

```
mycolor = ["#FF5FFF", "#AAAAdb", "#BBAACC", "#DDFF00", "#AACCBB",
           "#CCCCCC"]
sns.palplot(sns.color_palette(mycolor))
```

Out

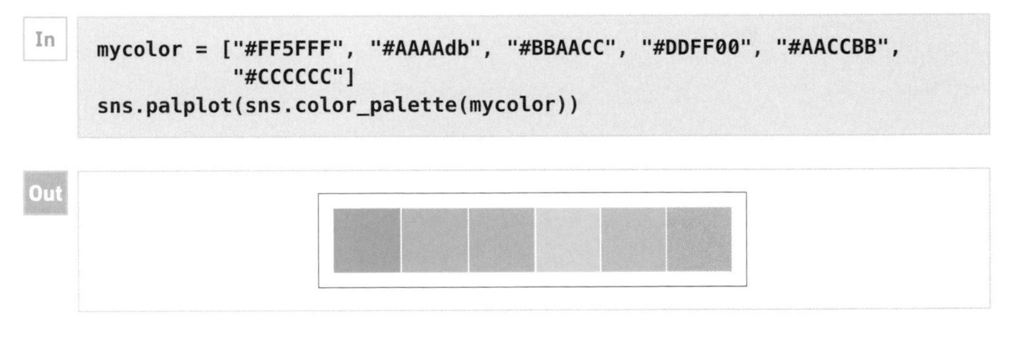

索引

【依中文筆畫排列】

8 劃

9 劃

10 劃

11 劃

12 劃

13 劃

14 劃

15 劃

16 劃

17 劃

18 劃

19 劃

21 劃

22 劃

23 劃

結語

本書介紹了數值資訊、文字資訊、定位資訊這類資料的視覺化手法。

在觀察以社會問題、經濟問題為主題的資料視覺化手法之後，除了發現這些手法非常精湛與多元化，更發現這些手法能讓我們輕鬆閱讀這些主題的宗旨，即使我們不具備這些主題的專業知識，也不懂這些主題的專業術語。

觀察那些有見地的人透過這些視覺化手法討論的內容之後，我發現視覺化手法的效果實在顯著，而且每天都有這樣的感受。

近年來，資料的用途越來越多元，了解資料內容的人也越來越需要讓不了解資料內容的人對資料有進一步了解。

越來越多企業將 Python 當成資料分析的工具使用，所以利用 Python 執行資料視覺化手法的機會也越來越多，因此本書才介紹以 Python 進行資料視覺化手法的方法。

會購買本書的讀者應該是以資料分析為工作或想知道如何應用資料的人，如果本書能助各位一臂之力，那將是作者的榮幸。

2020 年 6 月吉日
小久保奈都彌

謝辭

本書若無家人的幫忙，斷不能付梓成書。這一年來，我的假日幾乎都奉獻給這本書，非常感謝家人對我的包容。

在此要感謝五月女教授，在我念研究所的時候，了解我想研究資訊設計這個領域並給予指導，在我畢業之後，也給予本書許多寶貴的建議。

在此還要感謝前職場的同事原田慧，感謝她給予本書許多寶貴的意見，讓我的想法能更有深度與層次。

最後要感謝翔泳社的宮腰先生，沒有他，這本書就沒機會出版，非常感謝他給予這次寫書的機會。

參考文獻

- 『The Visual Display of Quantative Information』（Edward R.Tufte 著、Graphics Press LLC、2001 年）
- 『情報を見える形にする技術 情報可視化概論』（Riccardo Mazza 著、加藤 諒 編集、中本 浩翻訳、ボーンデジタル、2011 年）
- 『Beautiful Visualization』（Julie Steele、Noah Iliinsky 著・編集、増井 俊之 監修、牧野聡 翻訳、オライリージャパン、2011 年）
- 『ウォールストリート・ジャーナル式図解表現のルール』（ドナ・ウォン 著、村井瑞枝 翻訳、かんき出版、2011 年）
- 『Good Charts: The HBR Guide to Making Smarter, More Persuasive Data Visualizations』（Scott Berinato 著、Harvard Business Review Press、2016 年）
- 『統計学入門（基礎統計学Ⅰ）』（東京大学教養学部統計学教室 編、東京大学出版会、1991 年）

- 『Information Dashboard Design: The Effective Visual Communication Of Data』（Stephen Few 著、Oreilly & Associates Inc、2005 年）
- 『意思決定を助ける 情報可視化技術 - ビッグデータ・機械学習・VR/AR への応用 -』（伊藤貴之 著、コロナ社、2018 年）
- 『The Visual Miscellaneum: A Colorful Guide to the World's Most Consequential Trivia』（David McCandless 著、Harper Design、2014 年）
- 『地理情報の可視化』（石井儀光 著、社団法人日本オペレーションズ・リサーチ学会、2018 年 1 月号）
- 『たのしい インフォグラフィック入門』（櫻田 潤 著、ビー・エヌ・エヌ新社、2013 年）

作者簡介

小久保 奈都彌

筑波大學第三學群社會工學類畢業、法政大學研究所創新管理研究科修畢。目前於資料分析的顧問公司負責建立金融機構預測模型與資料分析的業務。

除了在顧問公司服務之外，私底下也從事資訊設計與資料視覺化的活動。

法政大學研究所特任講師。

中小企業診斷士。

Python 資料可視化攻略

作　　者：小久保奈都彌
裝訂．文字設計：大下賢一郎
封面插圖：istock.com：miakievy
校對合作：佐藤弘文
譯　　者：許郁文
企劃編輯：莊吳行世
文字編輯：王雅雯
設計裝幀：張寶莉
發 行 人：廖文良

發 行 所：碁峰資訊股份有限公司
地　　址：台北市南港區三重路 66 號 7 樓之 6
電　　話：(02)2788-2408
傳　　真：(02)8192-4433
網　　站：www.gotop.com.tw
書　　號：ACD021300
版　　次：2021 年 05 月初版
建議售價：NT$480

國家圖書館出版品預行編目資料

Python 資料可視化攻略 / 小久保奈都彌原著；許郁文譯. -- 初版. -- 臺北市：碁峰資訊, 2021.05
面；　公分
ISBN 978-986-502-803-9(平裝)
1. Python(電腦程式語言)
312.32P97　　110006312

讀者服務

- 感謝您購買碁峰圖書，如果您對本書的內容或表達上有不清楚的地方或其他建議，請至碁峰網站：「聯絡我們」\「圖書問題」留下您所購買之書籍及問題。（請註明購買書籍之書號及書名，以及問題頁數，以便能儘快為您處理）
http://www.gotop.com.tw

- 售後服務僅限書籍本身內容，若是軟、硬體問題，請您直接與軟體廠商聯絡。

- 若於購買書籍後發現有破損、缺頁、裝訂錯誤之問題，請直接將書寄回更換，並註明您的姓名、連絡電話及地址，將有專人與您連絡補寄商品。